重庆市
结合特色化工红色文化
项目

化工工艺学

● 腾晓旭　主编　● 时建伟　黄辉胜　副主编

化学工业出版社

·北京·

内容简介

本书对化学工业进行了概述；介绍了天然气、石油、煤等化学原料的组成和初加工流程，硫酸、硝酸、烧碱、纯碱、合成氨、尿素等典型无机化工产品的性质、用途和生产工艺流程，以及二甲苯、乙烯、丙烯、丁二烯及主要衍生品等典型有机化工产品的性质、用途和生产工艺流程；探讨了绿色化学工艺、原子经济性的定义和实现绿色化学工艺的途径与案例，以及生物技术生产大宗化学品相关的内容。

本书可供高等院校化工相关专业师生和化工企业技术人员参考。

图书在版编目（CIP）数据

化工工艺学/腾晓旭主编；时建伟，黄辉胜副主编 . —北京：化学工业出版社，2022.10（2023.9重印）

ISBN 978-7-122-41888-3

Ⅰ.①化⋯ Ⅱ.①腾⋯②时⋯③黄⋯ Ⅲ.①化工过程-生产工艺-高等学校-教材 Ⅳ.①TQ02

中国版本图书馆 CIP 数据核字（2022）第 129990 号

责任编辑：彭爱铭	文字编辑：杨凤轩　师明远
责任校对：杜杏然	装帧设计：韩　飞

出版发行：化学工业出版社（北京市东城区青年湖南街 13 号　邮政编码 100011）
印　　装：北京天宇星印刷厂
710mm×1000mm　1/16　印张 12¾　字数 200 千字　2023 年 9 月北京第 1 版第 3 次印刷

购书咨询：010-64518888　　　　　售后服务：010-64518899
网　　址：http://www.cip.com.cn

凡购买本书，如有缺损质量问题，本社销售中心负责调换。

定　　价：59.00 元

前　言

化学工业是国民经济的基础和支柱性产业，主要包括无机化工、有机化工、精细化工、生物化工、能源化工、化工新材料等，遍及国民经济建设与发展的重要领域。自 2010 年起，我国化学工业经济总量居全球第一。当前我国正处在加快转变经济发展方式、推动产业转型升级的关键时期，化学工业要以加快转变发展方式为主线，加快产业转型升级，增强科技创新能力，进一步加大节能减排、联合重组、技术改造、安全生产、两化融合力度，提高资源能源综合利用效率，大力发展循环经济，实现化学工业集约发展、清洁发展、低碳发展、安全发展和可持续发展。化学工业转型迫切需要大批高素质创新人才，培养适应经济社会发展需要的高层次人才正是大学最重要的历史使命和战略任务。

化工工艺学是研究由原料经化学加工制取化工产品的一门科学，是高等院校化学工程与工艺专业的必修课程。随着化学工业的发展及化工工艺学在工程实际领域中应用的扩大，新工艺的不断开发，化工工艺知识也在急剧增长。如果单纯从传授知识的角度考虑，势必讲授的内容越来越多，教材越来越厚，这将不能适应 21 世纪我国高等教育改革和发展的需要。编写本书旨在适应高等教育的深化改革，满足高校本科化工工艺学专业课的教学需要。化工工艺学是化工类专业极为重要的专业课程之一。在学完基础课和专业基础课之后，通过学习化工工艺学，学生能够运用所学理论知识，解决化工生产过程中的实际问题，真正做到学以致用。

全书共五章，第一章概述，简单介绍了现代化学工业；第二章化学原料及其初加工，分析了天然气、石油、煤的初加工流程；第三章无机化工产品生产，对几种典型无机化工产品生产工艺进行了介绍；第四章有机化工产品生产，对几种典型有机化工产品生产工艺进行了介绍；第五章化工生产与绿色化学工艺，包括绿色化学工艺、原子的经济性、绿色化学工艺的途径与案例以及生物技术大宗化学品相关的内容。

本书是笔者多年来的教学经验总结，内容全面、结构清晰，涵盖了化学工艺相关的各个方面，理论方面深入浅出，可满足各个层次的读者需求。

本书的出版得到了重庆市教委教改项目——结合特色化工红色文化的化工工艺类课程思政探索与实践（项目编号：212115）的支持，在此表示感谢！

在本书的撰写过程中，笔者参考了大量的资料文献，同时得到了许多专家学者的帮助和指导，在此表示真诚的感谢。因作者水平有限，书中仍难免有疏漏之处，希望同行学者和广大读者予以批评指正，以求进一步完善。

作者

2022 年 1 月

目 录

第五章 化工生产与绿色化学工艺 　164

第一章

概　述

化学工业泛指生产过程中化学方法占主要地位的制造工业，是对环境中的各种资源进行化学处理和转化加工，利用化学反应对物质结构、成分、形态等加以改变来生产化学产品，对原料进行混合、分离、粉碎、加热等物理或化学方法加工等，使原料增值，从而获得经济效益。化学工业属于知识和资金密集型行业，随着科学技术的发展，它从最初只生产纯碱、硫酸等少数几种无机产品和主要从植物中提取茜素制成染料的有机产品，逐步发展成一个多行业、多品种的工业体系。

第一节　化学工业简介

化学在人类的日常生活、工农业生产中都发挥着重要的作用。化学极大地促进了工农业生产的发展，丰富了人民的生活，人们的衣食住行都离不开化学。人们研究化学，进行化学实验，建立化学理论，认识化学变化的规律性，开发新能源、新材料、新流程，归根到底是为了指导物质资料生产，满足人们物质上的需要。

一、化学工业的起源和发展

化学工业历史悠久，很早就有火药、炼丹术等。早期的化工生产以经验为依据，可称为手工艺式生产，甚至是家庭作坊式生产。在生产和科学的长期发展中，化工生产逐渐从手工艺式生产向以科学理论为基础的现代生产转变。

工业革命引发了化学工业革命并促进了化工行业的形成。例如，在工业革命中起带头和主导作用的棉纺织行业，其生产中所需的辅料如染料、酸、碱，最初大多数依靠天然产物自身或其提取物，酸主要来自植物酸或酸牛奶等，碱则使用草木灰或用海藻烧成灰提取。随着纺织工业的蓬勃发展，酸和碱的用量日益增加，而且肥皂业、造纸业等也需要烧碱或纯碱，酸碱量难以满足工业生产需要。因此，大量的需求强烈地推动了人工合成研发的开展，开辟了采用天然产物硫黄或其他硫的化合物制酸、用盐或其他廉价物质制备碳酸钠的酸碱工业化生产，由此带动并促进了化学工业革命和化工行业的形成。印染、漂洗等也需要大量的染料。天然的染料色彩不够丰富，产量也十分有限。在纺织业发展的刺激下，无机酸碱、有机染料的生产工艺相继出现革命性成果，逐步形成规模化生产，并形成三大无机化工——硫酸工业、氨工业、碱工业（纯碱、烧碱工业）和有机染料行业。

第一次世界大战前夕，高压合成氨技术工业化的成功，使氮肥大量工业化生产成为可能，取得了重化工划时代的成就。第二次世界大战以后，随着有机高分子化学的科技进步，高分子化学品的大规模生产，开创了石油化学工业的新时代。自此，化学工业随着科学技术的进步，日新月异地向前发展，逐步形成了现代化学工业。近30年来，化学工业的发展速度高于整个工业的平均发展速度，化学工业已经成为渗透到国民经济生产和人类生活各个领域的现代化大生产部门。

二、化学工业的地位与作用

化学工业是为满足人类生活和生产的需要发展起来的，并随其生产技术的进步不断地推动着社会的发展。化学工业的产品种类多、数量大、用途广，与国民经济各部门存在密切的关系，在国民经济建设中具有十分重要的地位与作用。

1. 化学工业与农业的关系

化学制品塑料薄膜用于水稻、小麦、棉花、白薯等的培育幼苗和防止霜冻，效果十分显著。大面积防止霜冻的化学防冻剂、人工降雨需要的干冰和微量碘化银、海水淡化使用的离子交换膜、可减少农田水分蒸发的水田阻抑蒸发剂等，都已经或将要在中国农业生产中发挥积极作用。此外，如聚丙烯抗旱管、聚甲醛喷滴管、拖拉机轮胎、排灌橡胶管、低压聚氯乙烯和聚丙烯渔网等，对促进农、林、牧、副、渔业的现代化发展也具有很大的推动作用。化学工业在农业现代化中的作用将越来越重要。

2. 化学工业与轻纺工业的关系

化工产品是轻工业产品的重要原材料。市场上五光十色的文化用品、化妆品、日用陶瓷、玻璃、搪瓷制品、日用杂货、照相器材、电子类轻工产品等商品都离不开化学工业。几乎所有的日常用品都需要油漆涂料作为保护或装饰。没有化工产品作为原料和辅助材料，就不可能生产市场上琳琅满目的轻工业产品。

随着人口的增长和生活水平的提高，人类对服装和各类纤维制品的需求日益增长，靠天然纤维已不可能解决如此巨大的需求量，只有靠化学纤维（主要是合成纤维）才能承担起满足人类穿衣的需求。此外，面临我国人多地少的国情，发展合成纤维不仅可以解决衣着问题，而且也是解决棉粮争地的有效途径。

化学工业除了提供纺织工业日益增长的化学纤维单体外，还提供各种优质化工原料、染料和印染助剂等化工产品。因此，没有化学工业的基础，就不可能加快合成纤维和纺织工业的发展。

3. 化学工业与建筑材料工业的关系

在建筑材料中，塑料已经广泛用于绝缘、保温、墙壁、门窗框架、地板、天花板、贴面、型材、上下水道和结构组件等方面。由于塑料具有质轻、比强度大等优点，各国用于建筑方面的塑料占其总消耗量的 20% 以上。

4. 化学工业与交通运输业的关系

交通运输工具需要煤炭、石油等燃料。20 世纪以来，随着石油资源的开发利用，燃料油的比重急剧增加。燃料油的炼制离不开抗震剂、防冻剂、助燃剂等化学品。随着世界能源危机的出现，煤重新回到能源舞台充当主要角色。近些年来，煤制甲醇、合成汽油等已经取得可喜的成果。化学工业与交通运输业的关系，将随着运输工具燃料的革新而越来越密切。

当前，用塑料代替钢铁或有色金属制造汽车车身、零部件等越来越多。使用塑料做汽车配件不仅可以降低汽车成本，而且能够减轻车身的重量，节约油耗、安全行驶，因此，汽车工业用塑料增长迅速。轮胎橡胶和橡胶零件，以及其他化工产品如聚氯乙烯、聚乙烯、聚甲醛、聚苯乙烯、ABS、聚碳酸酯、尼龙、聚四氟乙烯、酚醛压缩粉和酚醛夹布等在汽车生产中的应用，呈快速增长趋势。火车、飞机、轮船、冷藏车用聚氨酯泡沫塑料作隔热材料、坐垫等也很普遍，甚至已经开始用黏结剂代替交通运输车辆部件的焊接。用于造船业的合成塑料也在成倍增长。

5. 化学工业与国防工业的关系

军事工业离不开炸药。硝酸是生产炸药的原料，硝酸铵厂、染料厂平时生产肥料、染料，战时可以转产炸药。化学工业不仅与常规武器生产有密切的关系，它还为氢弹、导弹、人造卫星、舰艇、航天飞机等制造和发射提供重水、高能燃料、基本有机化工原料、高级感光材料以及耐高温、耐辐射、耐磨、耐腐蚀和绝缘的化工材料。由于化学工业与军事工业关系密切，世界各国都发展自己的国防化工，并且竭力使国防化工既适合平时生产需要，又适合战时需要，从而使国防化工生产与普通化工生产紧密地结合起来。

总之，化学工业能够丰富和提高人民的生活，满足人们不断增长的衣、食、住、行、用等各个方面的需要。只有在化学工业获得新的发展，提供大量廉价和具有特殊性能的原材料之后，现代纺织工业、电子工业、电器制造工业、汽车制造工业、建筑材料工业、国防军事工业和宇宙航行等工业才有可能获得迅速发展。这一切展现了化学工业在国民经济建设中所发挥的重要作用和具有的重要地位。

在走向未来的发展中，化学工业在消除公害、确保粮食供应、新能源问题、生命科学等方面对于人类的生存将发挥巨大的作用。世界人口的不断增长、能源供应的日益紧张、环境的严重污染，已经构成对当代社会的三大挑战。人类必须为不断增长的人口提供更多的粮食和服装，必须为日益增长的能源需求开发新能源，必须为人类自身的健康提供大量新的药物和解决环境的污染。解决上述任何一个问题都离不开化学工业的发展，这就意味着化学工业在未来国民经济中的地位将越来越重要。

三、化学工业主要产品分类

化学工业既是原材料工业，又是加工工业；既有生产资料的生产，又有生活资料的生产，所以化学工业的范围很广，在不同时代和不同国家里不尽相同，其分类也比较复杂。按照习惯将化学工业分为无机化学工业和有机化学工业两大类。随着化学工业的发展，新的领域和行业、跨门类的部门越来越多，两大类的划分已不能适应化学工业发展的需要。若按产品应用来分，可分为化学肥料工业、染料工业、农药工业等；若从原料角度可分为天然气化工、石油化工、煤化工、无机盐化工、生物化工等；也有从产品的化学组成来分类，如低分子单体、高分子聚合物等；还有的以加工过程的方法来分类，如食盐电解工业、农产品发酵工业等；按生产规模或加工深度又可分为大化工、精细化工等。

化工主要产品的划分，按照国家统计局的一种广义的划分方法可以划分为19大类：化学矿、无机化工原料、有机化工原料、化学肥料、农药、高分子聚合物、涂料和颜料、染料、信息用化学品、试剂、食品和饲料添加剂、合成药品、日用化学品、胶黏剂、橡胶和橡胶制品、催化剂和各种助剂、火工产品、其他化学产品（包括炼焦化学产品、林产化学品等）、化工机械。这种广义的划分方法超脱于现行管理体制，范围比较广泛，与国外化学工业的可比性较大。值得注意的是，往往某一种产品既可以列在这一类，又可以列在另一类。

四、化工工艺学的研究对象与内容

化工工艺学是根据技术上先进、经济上合理的原则，研究如何把原料经过化学和物理处理，制成有使用价值的生产资料和生活资料的方法和过程的一门科学；也可以说是建立在化学、物理、机械、电工以及工业经济等科学的基础之上的、与生产和生活实际紧密相关的、体现当代技术水平的一门科学。

化工工艺学研究的是生产化工产品的学问，就是从许多产品的生产实践中，提炼出共性和分析其个性问题，指导一个新的生产工艺的开发。因此，化工工艺学本质上是研究产品生产的"技术""过程"和"方法"，主要研究内容包括三个方面，即生产的工艺流程、生产的工艺操作控制条件和技术管理控制，以及安全和环境保护措施。化工生产首先要有一个工艺上合理、技术上先进、经济上有利的"工艺流程"，可以保证从原料进入流程到产品的产出，整个过程是顺畅的，经济上是合理的，原料的利用率是高的，能耗和物耗是比较少的。这个流程通过一系列设备和装置的串联或并联，组成一个有机的流水线。其次是要有一套合理的、先进的、经济上有利的"工艺操作控制条件"和"质量保证体系"，它包括反应的温度、压力、催化剂、原料和原料准备、投料配比、反应时间、生产周期、分离水平和条件、后处理加工包装等，以及对这些操作参数监控、调节的手段。最后，在整个生产过程中，要保证人身安全和设备设施的安全运行，遵守卫生标准和要求，保护环境、杜绝公害、减少污染，对产生的污染一定要综合治理。

五、化学工业的发展方向

随着全球人口增长、人类寿命延长、生活水平的提高，不但化学工业要继续满足人类社会在衣、食、住、行等方面的需要，而且在环保、医疗、保健、文体等领域对化学工业提出了更高的要求。生命科学、材料科学、环境、能源乃至信息科学等学科的发展都对化学及化学工业提出了新的挑战，要求化学工业适应新的发展。从世界范围来讲，人口增加，粮食要增产，所以化肥仍需发展；资源紧张，化学工业要节约资源，同时也要创造出更多性能优异的物质与材料，以适应人类社会发展的需要；环境污染，化学工业既要改善本身对环境造成的污染，又要解决环境污染所带来的各种问题；生活水平和质量的提高及人口老龄化，人类对营养与健康也越来越重视，随着医药工业的发展，医用高分子材料、仿生材料和各种保健药品有可能得到较普遍的使用。

技术创新成为未来化学工业国际竞争力的一个重要的决定性因素。自20世纪80年代掀起的新一轮技术革命浪潮，方兴未艾，将推动世界经济继续增长。以计算机技术、现代通信技术、生物技术、纳米技术、催化技术、能源技术等为代表的新技术将为世界化学工业的升级换代提供巨大的动力和强有力的技术支持，促进世界化工技术产生重大突破，从而使世界化学工业有更广阔的发展空间。

现代化学工业的发展需要原料结构不断多样化。随着石油和天然气能源的逐渐耗竭，人类将逐步开发新一代的煤化工、生物资源、海洋资源、太阳能等多种资源；现代化学工业的发展将生产更多的新材料。随着高新技术向空间技术、电子技术、生物技术等领域的纵深发展，新材料向着功能化、智能化、可再生化方向发展，要求新材料的性能不断向新的极限延伸。信息技术的应用将使化工产品从反应设计、实验优化放大乃至生产控制管理的全过程更为科学、可靠、可行,给传统化工的研发方式、生产方式、管理方式带来巨大的变革。现代化学工业将发展成为可持续发展的产业,一方面通过不断改进生产技术,减少和消除对大气、土地和水域的污染,从工艺改革、品种更替和环境控制上逐步解决污染和资源短缺的问题;另一方面将全面贯彻化学品全生命期的安全方针,保证化工产品在原料、生产、加工、储运、销售、使用和废弃物处理的各环节中人身和环境的安全。

生物化工是未来化学工业发展的新方向。与传统的化学方法相比,生物技术往往以可再生资源为起始原料,具有反应温和、能耗低、效率高、污染少、可利用再生资源、催化剂选择性高等优点。随着现代生物技术的基因重组、细胞融合、酶的固定化技术的发展,已出现一批生物技术工业化成果,不久将会有更多的生物化工产品实现工业化。

催化技术在未来的化工生产中仍起关键作用。化工新产品、新工艺的出现多源于新催化剂的开发。通过开发新型催化剂和催化反应设备,降低反应温度和反应压力,提高反应的选择性、转化率及反应速率,从而节约资源和能源,降低生产成本,提高经济效益。同时催化技术也是合成新的性能优异化合物的重要步骤,如激光催化、生物催化等,特别是生物催化具有很大潜力。

新的分离技术会进一步得到发展。传统化工生产中的分离过程主要采用蒸馏、萃取、结晶等技术,这些技术往往要求设备庞大、能耗高,有时还达不到高纯度要求。新的化工分离技术是在减少设备投资、降低能耗和具有高纯度分离等方面进行研究和开发。近年来,膜分离技术、超临界流体分离技术、分子蒸馏等已取得一定的进展。

第二节 化工工艺基础

掌握化工工艺基础对于化工工艺学的学习和理解有很大的帮助,例如化工生产过程及流程、化工过程的主要效率指标、反应条件对化学平衡和反应速率的影响、催化剂的性能及使用等。

一、化工生产过程及工艺流程

1. 化工生产过程

化工生产过程一般可概括为原料预处理、化学反应、产品分离和精制三大步骤。

(1) 原料预处理 其主要目的是使初始原料达到反应所需要的状态和规格。例如，固体需破碎、过筛；液体需加热或汽化；有些反应物要预先脱除杂质，或配制成一定的浓度。在多数生产过程中，原料预处理本身就很复杂，要用到许多物理、化学的方法和技术，有些原料预处理成本占总生产成本的大部分。

(2) 化学反应 化学反应是化工生产通过该步骤完成由原料到产物的转变，是化工生产过程的核心。反应温度、压力、浓度、催化剂（多数反应需要）或其他物料的性质以及反应设备的技术水平等各种因素对产品的数量和质量有重要影响，是化工工艺学研究的重点内容。

化学反应类型繁多，若按反应特性分，有氧化、还原、加氢、脱氢、歧化、异构化、烷基化、羰基化、分解、水解、水合、偶合、聚合、缩合、酯化、磺化、硝化、卤化、重氮化等众多反应；若按反应体系中物料的相态分，有均相反应和非均相反应（多相反应）；若根据是否使用催化剂来分，有催化反应和非催化反应。催化剂与反应物同处于均一相态时称为均相催化反应，催化剂与反应物具有不同相态时，称为多相催化反应。

实现化学反应过程的设备称为反应器。工业反应器的类型众多，不同反应过程，所用的反应器形式不同。反应器若按结构特点分，有管式反应器（可装填催化剂，也可是空管）、床式反应器（装填催化剂，有固定床、移动床、流化床及沸腾床等）、釜式反应器和塔式反应器等；若按操作方式分，有间歇式、连续式和半连续式3种；若按换热状况分，有等温反应器、绝热反应器和变温反应器，换热方式有间接换热式和直接换热式。

(3) 产品分离和精制 产品分离和精制的目的是获取符合规格的产品，并回收、利用副产物。在多数反应过程中，由于诸多原因，反应后产物是包括目的产物在内的许多物质的混合物，有时目的产物的浓度很低，必须对反应后的混合物进行分离、提取和精制，才能得到符合规格的产品。同时要回收剩余反应物，以提高原料利用率。

分离和精制的方法和技术是多种多样的，通常有冷凝、吸收、吸附、冷冻、闪蒸、精馏、萃取、渗透（膜分离）、结晶、过滤和干燥等，不同生产过程可以有针对性地采用相应的分离和精制方法。分离出来的副产物和"三废"也应加以利用或处理。

化工过程常常包括多步反应转化过程，因此除了起始原料和最终产品外，尚有多种中间产物生成，原料和产品也可能是多个。因此化工过程通常由上述3个步骤交替组成，以化学反应为中心，将反应与分离过程有机地组织起来。

2. 化工生产工艺流程

（1）工艺流程和工艺流程图　原料需要经过包括物质和能量转换的一系列加工，方能转变成所需产品，实施这些转换需要有相应的功能单元来完成，按物料加工顺序将这些功能单元有机地组合起来，则构筑成工艺流程。将原料转变成化工产品的工艺流程，称为化工生产工艺流程。

化工生产中的工艺流程是丰富多彩的，不同产品的生产工艺流程固然不同；同一产品用不同原料来生产，工艺流程也大不相同；有时即使原料相同，产品也相同，若采用的工艺路线或加工方法不同，在流程上也有区别。工艺流程多采用图示方法来表达，称为工艺流程图。

在化工工艺学教科书中主要采用工艺流程示意图，它简明地反映出由原料到产品过程中各物料的流向和经历的加工步骤，从中可了解每个操作单元或设备的功能以及相互间的关系、能量的传递和利用情况、副产物和"三废"的排放及其处理方法等重要工艺和工程知识。

（2）化工生产工艺流程的组织　工艺流程的组织或合成是化工过程的开发和设计中的重要环节。组织工艺流程需要有化学、物理的理论基础以及工程知识，要结合生产实践，借鉴前人的经验。同时，可运用推论分析、功能分析、形态分析等方法论来进行流程的设计。

① 推论分析法　它是从"目标"出发，寻找实现此"目标"的"前提"，将具有不同功能的单元进行逻辑组合，形成一个具有整体功能的系统。

该方法可用"洋葱"模型表示（图1-1）。通常化工过程设计以反应器为核心开始,由反应器产生的由未反应原料、产品和副产品组成的混合物,需要进一步分离,分离出的未反应原料再循环利用。反应器的设计决定了分离与再循环系统所要解决的问题,因此紧随反应器设计的是分离与再循环设计。反应器的设计和分离与再循环设计决定了全过程的冷、热负荷,因此第三步就是换热网络设计。经过热量回收而不能满足的冷、热负荷决定了外部公用工程的选择与设计。推论分析法采用的是"洋葱"逻辑结构,整个过程可由"洋葱图"形象地表示,只是通常的工艺流程不包括最外层的公用工程。

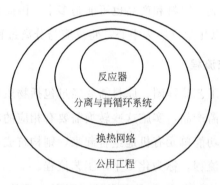

图 1-1 化工工艺过程的"洋葱"模型

② 功能分析法 它是缜密地研究每个单元的基本功能和基本属性,然后组成几个可以比较的方案以供选择。因为每个功能单元的实施方法和设备形式通常有许多种可供选择,因而可组织出具有相同整体功能的多种流程方案。再通过形态分析和过程的数学模拟进行评价和选择,以确定最优的工艺流程方案。

③ 形态分析法 它是对每种可供选择的方案进行精确的分析和评价,择优汰劣,选择其中最优方案。评价需要有根据,而根据是针对具体问题来拟定的,原则上应包括:是否满足所要求的技术指标;经济指标的先进性;环境、安全和法律;技术资料的完整性和可信度。经济和环境因素是形态分析的重要判据,提高原材料及能量利用率是很关键的问题,它不仅节约资源、能源,降低产品成本,而且也从源头上减少了污染物的排放。下面列举两个实例说明。

例 1-1 丙烯液相水合制异丙醇流程,其反应式为

$$CH_3{-}CH{=\!=}CH_2 + H_2O {=\!=\!=\!=} CH_3{-}\underset{\underset{\textstyle OH}{|}}{CH}{-}CH_3 + Q \qquad (1\text{-}1)$$

该反应在 20MPa 和 200～300℃及硅钨酸催化剂水溶液中进行，有 60%～70% 的丙烯转化，其中 98%～99% 转化为异丙醇，尚有 30%～40% 的丙烯未反应，丙烯是价格贵的原料，直接排放既浪费又污染环境。如何提高丙烯原料的利用率，工业上采用的流程如图 1-2 所示。

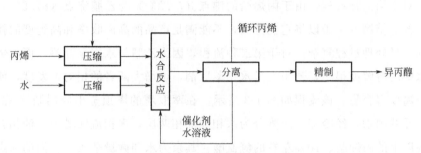

图 1-2　丙烯液相水合制异丙醇流程框图

这类工艺流程称为循环流程，其特点是未反应的反应物从产物中分离出来，再返回反应器。其他一些物料如溶液、催化剂、溶剂等再返回反应器也属于循环流程。循环流程的主要优点是能显著地提高原料利用率，减少系统排放量，降低原料消耗，也减少对环境的污染。它适用于反应后仍有较多原料未转化的情况。

例 1-2　丙烯腈生产过程中分离与精制流程的选择。丙烯腈生产中的主反应为：

$$C_3H_6 + NH_3 + \frac{3}{2}O_2 \xrightarrow{催化剂} CH_2\!\!=\!\!CHCN + 3H_2O \tag{1-2}$$

主要副反应有：

$$C_3H_6 + \frac{3}{2}NH_3 + \frac{3}{2}O_2 \xrightarrow{催化剂} \frac{3}{2}CH_3CN + 3H_2O \tag{1-3}$$

$$C_3H_6 + 3NH_3 + 3O_2 \xrightarrow{催化剂} 3HCN + 6H_2O \tag{1-4}$$

因此反应后混合物中除产物丙烯腈外，尚有副产物氢氰酸、乙腈（ACN）及少量未反应的氨、丙烯，需对其进行分离。

丙烯氨氧化后，从反应器流出的物料首先用硫酸中和未反应的氨，然后用大量的 5～10℃冷水将丙烯腈、氢氰酸、乙腈等吸收，而未反应的丙烯、氧气和氮气等气体不被吸收，自吸收塔顶排出，再经催化燃烧无害化处理后排放至大气。从吸收塔流出的水溶液中分离出丙烯腈和副产物，一般用精馏方法来分离。在此有两种流程供选择：①将丙烯腈和各副产物同时从水溶液中蒸发出来，冷凝后再逐个精馏分离；②采用萃取精馏法先将丙烯腈和氢氰酸萃取出来，乙腈留在水溶液中，然后分离丙烯腈和氢氰酸。

对于第一种流程，由于丙烯腈的沸点（77.3℃）与乙腈沸点（81.6℃）相近，普通精馏方法难以将它们分离，不能满足产品的高回收率和高纯度的技术指标，且处理过程复杂。对于第二种流程，因为乙腈与水完全互溶，而丙烯腈在水中的溶解度很小，若用大量水作萃取剂，可增大两者的相对挥发度，使精馏分离变得容易。该流程如图 1-3 所示，在萃取塔的塔顶蒸出丙烯腈-氢氰酸-水三元共沸物，经冷却、冷凝分为水相和油相两层，水相流回塔中，油相含有80％以上的丙烯腈、10％左右的氢氰酸，其余为水和微量杂质，它们的沸点相差很大，普通精馏方法即可分离。乙腈水溶液由塔底流出，送去回收和精制乙腈。

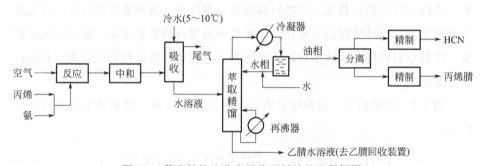

图 1-3　萃取精馏法分离回收丙烯腈的流程框图

该流程可获得纯度很高的聚合级丙烯腈，回收率也高，且处理过程较简单。对比结果，第二种流程优于第一种流程，工业上得到广泛采用。

化学工业广泛地使用热能、电能和机械能，是耗能大户。在组织工艺流程时，不仅要考虑高产出、高质量，还要考虑合理地利用能、回收能，做到最大限度地节约能源，才能达到经济先进性。有的反应是放热的，为维持反应温度不升高，需要及时排出反应热，因此应该安排回收和利用此热能的设备。对于吸热反应，其供热热源的余热也应加以利用。例如，燃料燃烧后的高温烟道气，应尽量回收利用其热量，使烟道气温度降到100℃或更低，才能由烟囱排出。

热能有不同的温位，要有高的利用率，应合理地安排相应的回收利用设备，能量回收利用的效率体现了工艺流程及技术水平的高低。高温位的热能，如700℃以上高温反应后的工艺气，应先引入废热锅炉，利用高温热能产生高压蒸汽，可作为动力能源驱动发电机、压缩机、泵等。降温后的工艺气可进入热交换器加热其他物料，然后进入温度较低的后处理单元；中等温位的热能多通过热交换器来加以利用，还可以通过热泵或吸收式制冷机来利用热能；低温位的热能可用于锅炉给水的预热、蒸馏塔的再沸器加热等。总之，应尽可能利用物料所带的显热，使之在离开系统时接近环境温度，以免热量损失到环境中。

二、化工过程的主要效率指标

1. 生产能力和生产强度

（1）生产能力　生产能力系指一个设备、一套装置或一个工厂在单位时间内生产的产品量，或在单位时间内处理的原料量。其单位为 kg/h、t/d 或 kt/a、10^4t/a 等。

化工过程有化学反应以及热量、质量和动量传递等过程，在许多设备中可能同时进行上述几种过程，需要分析各种过程各自的影响因素，然后进行综合和优化，找出最佳操作条件，使总过程速率加快，才能有效地提高设备生产能力。设备或装置在最佳条件下可以达到的最大生产能力，称为设计能力。由于技术水平不同，同类设备或装置的设计能力可能不同，使用设计能力大的设备或装置能够降低投资和成本，提高生产率。

（2）生产强度　生产强度为设备单位特征几何量的生产能力，即设备的单位体积的生产能力，或单位面积的生产能力。其单位为 kg/(h·m^3)、t/(d·m^3)，或 kg/(h·m^2)、t/(d·m^2) 等。生产强度指标主要用于比较那些相同反应过程或物理加工过程的设备或装置的优劣。设备中进行的过程速率高，其生产强度就高。

在分析对比催化反应器的生产强度时，通常要看在单位时间内，单位体积催化剂或单位质量催化剂所获得的产品量，亦即催化剂的生产强度，有时也称为时空收率。其单位为 kg/(h·m^3)、kg/(h·kg)。

（3）有效生产周期

$$开工因子 = \frac{全年开工生产天数}{365}$$

开工因子通常在 0.9 左右，开工因子大意味着停工检修带来的损失小，即设备先进可靠、催化剂寿命长。

2. 化学反应的效率——合成效率

（1）原子经济性[1] 原子经济性 AE 定义为：

$$AE = \left(\frac{\sum\limits_i P_i M_i}{\sum\limits_j F_j M_j} \right) \times 100\% \tag{1-5}$$

式中，P_i 为目的产物分子中各类原子数；F_j 为反应原料中各类原子数；M 为相应各类原子的原子量。

例 1-3 环氧丙烷两种制法的原子经济性比较。

氯醇法：

$$C_3H_6 + Cl_2 + Ca(OH)_2 \longrightarrow C_3H_6O + CaCl_2 + H_2O \tag{1-6}$$

$$AE = \frac{C_3H_6O}{C_3H_6 + Cl_2 + Ca(OH)_2} \times 100\% = \frac{58}{42 + 71 + 74} \times 100\% = 31\% \tag{1-7}$$

过氧化氢法：

$$C_3H_6 + H_2O_2 \longrightarrow C_3H_6O + H_2O \tag{1-8}$$

$$AE = \frac{C_3H_6O}{C_3H_6 + H_2O_2} \times 100\% = \frac{58}{42 + 34} \times 100\% = 76\% \tag{1-9}$$

（2）环境因子 由荷兰化学家 Sheldon 提出，定义为：

$$E = \frac{废物质量}{目标产物质量}$$

上述指标从本质上反映了其合成工艺是否最大限度地利用资源、避免废物的产生和由此而带来的环境污染。

3. 转化率、选择性和收率

化工总过程的核心是化学反应，提高反应的转化率、选择性和收率是提高

---

[1] 原子经济性是美国斯坦福大学的特罗斯特教授首次提出的，因此获得 1998 年美国"总统绿色化学挑战奖"的学术奖。

化工过程效率的关键。

（1）转化率 转化率指某一反应物参加反应而转化的数量占该反应物起始量的分率或百分率，用符号 χ 表示。其定义式为：

$$\chi = \frac{\text{某一反应物的转化量}}{\text{该反应物的起始量}}$$

转化率表征原料的转化程度。对于同一反应，若反应物不仅只有一个，那么，不同反应组分的转化率在数值上可能不同。对于反应

$$\upsilon_A A + \upsilon_B B \longrightarrow \upsilon_R R + \upsilon_S S \tag{1-10}$$

反应物 A 和 B 的转化率分别是：

$$\chi_A = (n_{A,0} - n_A)/n_{A,0} \tag{1-11}$$

$$\chi_B = (n_{B,0} - n_B)/n_{B,0} \tag{1-12}$$

式中，χ_A、χ_B 分别为组分 A 和组分 B 的转化率；$n_{A,0}$、$n_{B,0}$ 分别为组分 A 和组分 B 的起始量，mol；n_A、n_B 分别为反应后组分 A 和 B 的剩余量，mol；υ_A、υ_B、υ_R、υ_S 为化学计量系数。

人们常常对关键反应物的转化率感兴趣，关键反应物指的是反应物中价值最高的组分，为使其尽可能转化，常使其他反应组分过量。对于不可逆反应，关键组分的转化率最大为 100%；对于可逆反应，关键组分的转化率最大为其平衡转化率。

计算转化率时，反应物起始量的确定很重要。对于间歇过程，以反应开始时装入反应器的某反应物的量为起始量；对于连续过程，一般以反应器进口物料中某反应物的量为起始量。但对于采用循环式流程（图 1-4）的过程来说，则有单程转化率和全程转化率之分。

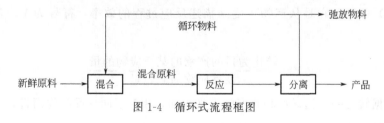

图 1-4 循环式流程框图

① 单程转化率 指原料每次通过反应器的转化率，例如原料中组分 A 的单程转化率为：

$$X_A = \frac{\text{组分 A 在反应器中的转化量}}{\text{反应器进口物料中组分 A 的量}}$$

$$= \frac{\text{组分 A 在反应器中的转化量}}{\text{新鲜原料中组分 A 的量} + \text{循环物料中组分 A 的量}} \quad (1\text{-}13)$$

② 全程转化率　全程转化率，又称总转化率，指新鲜原料从进入反应系统到离开该系统所达到的转化率。例如，原料中组分 A 的全程转化率为：

$$X_{A,tot} = \frac{\text{组分 A 在反应器中的转化量}}{\text{新鲜原料中组分 A 的量}} \quad (1\text{-}14)$$

（2）选择性　对于复杂反应体系，同时存在着生成目的产物的主反应和生成副产物的许多副反应，只用转化率来衡量是不够的。因为尽管有的反应体系原料转化率很高，但大多数转变成副产物，目的产物很少，意味着许多原料被浪费。所以需要用选择性这个指标来评价反应过程的效率。选择性系指体系中转化成目的产物的某反应物的量与该反应物参加所有反应而转化的总量之比，用符号 S 表示，其定义为：

$$S = \frac{\text{转化为目的产物的某反应物的量}}{\text{该反应物的转化总量}} \quad (1\text{-}15)$$

选择性也可按式（1-16）计算：

$$S = \frac{\text{实际所得的目的产物量}}{\text{按某反应物的转化总量计算应得到的目的产物理论量}} \quad (1\text{-}16)$$

式（1-16）中的分母是按主反应式的化学计量关系来计算的，并假设转化了的所有反应物全部转变成目的产物。在复杂反应体系中，选择性是个很重要的指标，它表达了主、副反应进行程度的相对大小，能确切反映原料的利用是否合理。

（3）收率　它是从产物角度来描述反应过程的效率，符号为 Y，其定义式为：

$$Y = \frac{\text{转化为目的产物的某反应物的量}}{\text{该反应物的起始量}} \quad (1\text{-}17)$$

根据转化率、选择性和收率的定义可知，相对于同一反应物而言，三者有以下关系，即：

$$Y = SX \quad (1\text{-}18)$$

对于无副反应的体系，$S=1$，故收率在数值上等于转化率，转化率越高则收率越高；有副反应的体系，$S<1$，希望在选择性高的前提下转化率尽可能高。但是，通常使转化率提高的反应条件往往会使选择性降低，所以不能单纯追求高转化率或高选择性，而要兼顾两者，使目的产物的收率最高。

对于反应式(1-10)的关键反应物组分 A 和目的产物 R 而言，产物 R 的产率为：

$$Y_R = \frac{\upsilon_A}{\upsilon_R} \times \frac{\text{产物 R 的生成量}}{\text{反应物 A 的起始量}} \tag{1-19}$$

式中，υ_A，υ_R 分别为组分 A 和产物 R 的化学计量系数；产物和反应物的量以 mol 为单位。

有循环物料时，也有单程收率和总收率之分。与转化率相似，对于单程收率而言，式(1-17)中的分母系指反应器进口处混合物中的该原料的量，即新鲜原料与循环物料中该原料的量之和。而对于总收率，式(1-17)中分母系指新鲜原料中该原料的量。

（4）质量收率 指投入单位质量的某原料所能生产的目的产物的质量，即：

$$Y_m = \frac{\text{目的产物的质量}}{\text{某原料的起始质量}} \tag{1-20}$$

4. 平衡转化率和平衡产率

可逆反应达到平衡时的转化率称为平衡转化率，此时所得产物的产率为平衡产率。平衡转化率和平衡产率是可逆反应所能达到的极限值（最大值），但是，反应达到平衡往往需要相当长的时间。随着反应的进行，正反应速率降低，逆反应速率升高，所以净反应速率不断下降直到零。在实际生产中应保持高的净反应速率，不能等待反应达到平衡，故实际转化率和产率比平衡值低。若平衡产率高，则可获得较高的实际产率。化工工艺学的任务之一是通过热力学分析，寻找提高平衡产率的有利条件，并计算出平衡产率。

三、反应条件对化学平衡和反应速率的影响

反应温度、压力、浓度、反应时间、原料的纯度和配比等众多条件是影响反应速率和化学平衡的重要因素，关系到生产过程的效率。在本书其他各章中

均有具体过程的影响因素分析，此处仅简述以下几个重要因素的影响规律。

1. 温度的影响

（1）温度对化学平衡的影响　对于不可逆反应不需考虑化学平衡，而对于可逆反应，其平衡常数与温度的关系为：

$$\lg K = -\frac{\Delta H^{\ominus}}{2.303RT} + C \tag{1-21}$$

式中，K 为平衡常数；$\Delta H^{\ominus}$ 为标准反应焓差；R 为气体常数；T 为反应温度；C 为积分常数。

对于吸热反应，$\Delta H^{\ominus} > 0$，K 值随着温度升高而增大，有利于反应，产物的平衡产率增加。

对于放热反应，$\Delta H^{\ominus} < 0$，K 值随着温度升高而减小，平衡产率降低。故只有降低温度才能使平衡产率增高。

（2）温度对反应速率的影响　反应速率系指单位时间、单位体积某反应物组分的消耗量，或某产物的生成量。

反应速率方程通常可用浓度的幂函数形式表示。例如，对于反应：

$$aA + bB \rightleftharpoons dD \tag{1-22}$$

其反应速率方程为：

$$r = \vec{k} C_A^a C_B^k - \overleftarrow{k} C_D^d \tag{1-23}$$

式中，$\vec{k}$，$\overleftarrow{k}$ 分别为正、逆反应速率常数，又称比反应速率。

反应速率常数与温度的关系见阿伦尼乌斯方程，即：

$$k = A\exp\left(\frac{-E}{RT}\right) \tag{1-24}$$

式中，k 为反应速率常数；A 为指前因子或频率因子；E 为反应活化能；R 为气体常数；T 为反应温度。

由式(1-24)可知，k 总是随温度的升高而增加（有极少数例外者），反应温度每升高 10℃，k 增大 2~4 倍，在低温范围增加的倍数比高温范围大些，活化能大的反应其速率随温度升高而增长更快些。

对于不可逆反应，逆反应速率忽略不计，故产物生成速率总是随温度的升高而加快。对于可逆反应而言，正、逆反应速率之差即为产物生成的净速率。

温度升高时，正、逆反应速率常数都增大，所以正、逆反应速率都提高，净速率不一定增加。经过对反应速率方程的分析得知，对于吸热的可逆反应，净速率 r 总是随着温度的升高而增高；而对于放热的可逆反应，净速率随温度变化有 3 种可能性，即：

$$\left(\frac{\partial r}{\partial T}\right)_C > 0, \left(\frac{\partial r}{\partial T}\right)_C = 0, \left(\frac{\partial r}{\partial T}\right)_C < 0$$

当温度较低时，净速率随温度的升高而增高；当温度超过某一值后，净速率开始随着温度的升高而下降。净速率有一个极大值，此极大值对应的温度称为最佳反应温度（T_{op}），亦称最适宜反应温度。净速率随温度的变化曲线如图 1-5 所示。

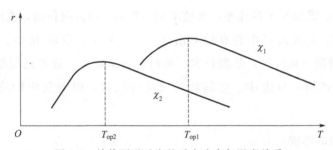

图 1-5 放热可逆反应的反应速率与温度关系

通过对反应速率方程求极值的数学处理可推导出最佳反应温度的计算公式：

$$T_{op} = \frac{T_e}{1 + \frac{R\overleftarrow{T}}{\overleftarrow{E}\overrightarrow{E}} \ln \frac{\overrightarrow{E}}{\overleftarrow{E}}} \tag{1-25}$$

式中，R 为气体常数，$R = 8.3192 J/(mol \cdot K)$；$\overrightarrow{E}$、$\overleftarrow{E}$ 为正、逆反应活化能；T_e 为反应体系中实际组成对应的平衡温度，K。

从理论上讲，放热可逆反应在最佳反应温度下进行，此时净速率最大。对于不同转化率 T_{op} 值是不同的，随转化率的升高，T_{op} 下降。活化能不同，T_{op} 值也不同。

2. 浓度的影响

根据反应平衡移动原理，反应物浓度越高，越有利于平衡向产物方向移动。当有多种反应物参加反应时，往往价廉易得的反应物过量，从而可以使价高或难得的反应物更多地转化为产物，提高其利用率。

从反应速率方程式(1-23)可知，反应物浓度越高，反应速率越快。一般在反应初期，反应物浓度高，反应速率大，随着反应的进行，反应物逐渐消耗，反应速率逐渐下降。

提高溶液浓度的方法有：对于液相反应，采用能提高反应物溶解度的溶剂，或者在反应中蒸发或冷冻部分溶剂等；对于气相反应，可适当压缩或降低惰性物的含量等。

对于可逆反应，反应物浓度与其平衡浓度之差是反应的推动力，此推动力越大则反应速率越高。所以，在反应过程中不断从反应区域取出生成物，使反应远离平衡，既保持了高速率，又使平衡不断向产物方向移动，这对于受平衡限制的反应，是提高产率的有效方法之一。近年来，反应-精馏、反应-膜分离、反应-吸附（或吸收）等新技术、新过程应运而生，这些过程使反应与分离一体化，产物一旦生成，立刻被移出反应区域，因而反应始终是远离平衡的。

3. 压力的影响

一般来说，压力对液相和固相反应的平衡影响较小。气体的体积受压力影响大，故压力对有气相物质参加的反应平衡影响很大，其规律如下。

① 对分子数增加的反应，降低压力可以提高平衡产率。

② 对分子数减少的反应，压力升高，产物的平衡产率增大。

③ 对分子数没有变化的反应，压力对平衡产率无影响。

在一定的压力范围内，加压可减小气体反应体积，且对加快反应速率有一定好处，但压力过高，能耗增大，对设备投资高，反而不经济。惰性气体的存在，可降低反应物的分压，对反应速率不利，但有利于分子数增加的反应的平衡产率。

四、催化剂的性能及使用

据统计，当今90%的化学反应中均包含催化过程，催化剂在化学工艺中占有相当重要的地位，其作用主要体现在以下几个方面。

（1）提高反应速率和选择性。

有许多反应，虽然在热力学上是可能进行的，但反应速率太慢或选择性太低，不具有实用价值，一旦发明和使用催化剂，则可实现工业化，生产出重要的化工产品。

例如，近代化学工业的起点合成氨工业，就是以催化作用为基础建立起来的。近年来合成氨的催化剂性能得到不断改善，提高了氨产率，有些催化剂可以在不降低产率的前提下，将操作压力降低，使每吨氨的能耗大为降低。许多有机反应之所以得到化学工业的应用，在很大程度上依赖于开发和采用了具有优良选择性的催化剂。例如，乙烯与氧反应，如果不用催化剂，乙烯会完全氧化生成 CO_2 和 H_2O，毫无应用意义，当采用了银催化剂后，则促使乙烯选择性地氧化生成环氧乙烷（C_2H_4O），它可用于制造乙二醇、合成纤维等许多实用产品。

（2）改进操作条件。

采用或改进催化剂可以降低反应温度和操作压力，提高化工过程的效率。例如，乙烯聚合反应若以有机过氧化物为引发剂，要在 $200\sim300^{\circ}C$ 及 $100\sim300MPa$ 下进行，采用烷基铝-四氯化钛络合物催化剂后，反应只需在 $85\sim100^{\circ}C$ 及 $2MPa$ 下进行，条件十分温和。20 世纪 50 年代的催化剂效率是每克钛能产 $1\sim2kg$ 聚乙烯，60 年代末开发出镁化合物负载的钛铝络合物催化剂，效率为每克钛产 $80\sim100kg$ 聚乙烯，后来每克钛产 $300\sim600kg$ 聚乙烯。有报道称，近年来开发的高效催化剂每克钛可产 $6530kg$ 聚乙烯。高选择性的催化剂可以明显地提高过程效率，因为副产物大大减少，从而提高了过程的原子经济性，可简化分离流程，减少了污染。

（3）催化剂有助于开发新的反应过程，发展新的化工技术。

工业上一个成功的例子是甲醇羰基化合成乙酸的过程。工业乙酸原先是由乙醛氧化法生产，原料价贵，生产成本高。在 20 世纪 60 年代，德国 BASF 公司借助钴络合物催化剂，开发出以甲醇羰基化合成乙酸的新反应过程和工艺；美国孟山都公司于 20 世纪 70 年代又开发出铑络合物催化剂，使该反应的条件更温和，乙酸收率高达 99%，成为当今生产乙酸的先进工艺。

近年来钛硅分子筛（TS-1）的研制成功，在烃类选择性氧化领域中实现了许多新的环境友好反应过程，如在 TS-1 催化下环己酮过氧化氢氨氧化直接合成环己酮肟，简化了己内酰胺合成工艺，消除了固体废物硫酸铵的生成。又如，该催化剂实现了丙烯过氧化氢氧化合成环氧丙烷的工艺过程，它没有任何污染物生成，是一个典型的清洁工艺。

（4）催化剂在能源开发和消除污染中可发挥重要作用。

前已述及催化剂在石油、天然气和煤的综合利用中的重要作用，借助催化剂从这些自然资源出发生产数量更多、质量更好的二次能源；一些新能源的开发也需要催化剂。例如，光分解水获取氢能源，其关键是催化剂；燃料电池中的电极也是由具有催化作用的银等金属细粉附着在多孔陶瓷上做成的。

高选择性催化剂的研制及应用，从根本上减少了废物的生成量，是从源头减少污染的重要措施。对于现有污染物的治理方面，催化剂也具有举足轻重的地位。例如，汽车尾气的催化净化；工业含硫尾气的克劳斯催化法回收硫；有机废气的催化燃烧；废水的生物催化净化和光催化分解等。

1. 催化剂的基本特征

在一个反应系统中因加入了某种物质而使化学反应速率明显加快，但该物质在反应前后的数量和化学性质不变，称这种物质为催化剂。催化剂的作用是它能与反应物生成不稳定中间化合物，改变了反应途径，活化能得以降低。由阿伦尼乌斯方程可知，活化能降低可使反应速率常数 k 增大，从而加速了反应。

有些反应所产生的某种产物也会使反应迅速加快，这种现象称为自催化作用。能明显降低反应速率的物质称为负催化剂或阻化剂。工业上用得最多的是加快反应速率的催化剂，以下阐述的内容仅是此类催化剂的 3 个基本特征。

① 催化剂是参与反应的，但反应终了时，催化剂本身未发生化学性质和数量的变化。因此催化剂在生产过程中可以在较长时间内使用。

② 催化剂只能缩短达到化学平衡的时间（即加速作用），但不能改变平衡。即当反应体系的始末状态相同时，无论有无催化剂存在，该反应的自由能变化、热效应、平衡常数和平衡转化率均相同。由此特征可知，催化剂不能使热力学上不可能进行的反应发生；催化剂是以同样的倍数提高正、逆反应速率的，能加速正反应速率的催化剂，也必然能加速逆反应。因此，对于那些受平衡限制的反应体系，必须在有利于平衡向产物方向移动的条件下来选择和使用

催化剂。

③ 催化剂具有明显的选择性，特定的催化剂只能催化特定的反应。催化剂的这一特性在有机化学反应领域中起到了非常重要的作用，因为有机反应体系往往同时存在许多反应，选用合适的催化剂，可使反应向需要的方向进行。

选用不同的催化剂，可有选择地使其中某个反应加速，从而生成不同的目的产物。

对于副反应在热力学上占优势的复杂体系，可以选用只加速主反应的催化剂，则导致主反应在动力学竞争上占优势，达到抑制副反应的目的。

2. 催化剂的分类

按催化反应体系的物相均一性分，有均相催化剂和非均相催化剂。

按反应类别分，有加氢、脱氢、氧化、裂化、水合、聚合、烷基化、异构化、芳构化、羰基化等众多催化剂。

按反应机理分，有氧化还原型催化剂、酸碱催化剂等。

金属催化剂、氧化物催化剂和硫化物催化剂等是固体催化剂，它们是当前使用最多、最广泛的催化剂，在石油炼制、有机化工、精细化工、无机化工、环境保护等领域中广泛采用。

络合催化剂是液态的，以过渡金属如 Ti、V、Mn、Fe、Co、Ni、Mo、W、Ag、Pd、Pt、Ru、Rh 等为中心原子，通过共价键或配位键与各种配位体构成络合物，过渡金属价态的可变性及其与不同性质配位体的结合，给出了多种多样的催化功能。这类催化剂以分子态均匀地分布在液相反应体系中，催化效率很高。同时，在溶液中每个催化剂分子都是具有同等性质的活性单位，因而只能催化特定反应，故选择性很高。均相络合催化的缺点是催化剂与产物的分离较复杂，价格较昂贵。近年来用固体载体负载络合物构成固载化催化剂，有利于解决分离、回收问题。此外，络合催化剂的热稳定性不如固体催化剂，它的应用范围和数量比固体催化剂小得多。

酸催化剂比碱催化剂应用广泛，酸催化剂有液态的，如 H_2SO_4、H_3PO_4、杂多酸等；也有固态的，称为固体酸催化剂，如石油炼制中催化裂化过程使用的分子筛催化剂、乙醇脱水制乙烯采用的氧化铝催化剂以及由 CO 与 H_2 合成汽油过程中采用的 ZSM-5 沸石催化剂等。

工业用生物催化剂是活细胞和游离或固定的酶的总称。活细胞催化是以整个微生物用于系列的串联反应，其过程称为发酵过程。酶是一类由生物体产生的具有高效和专一催化功能的蛋白质。生物催化剂具有能在常温常压下反应、反应速率快、催化作用专一（选择性高）的优点，尤其是酶催化，其选择性和活性比活细胞催化更高，酶催化效率为一般非生物催化剂的 $10^9 \sim 10^{12}$ 倍，它的发展十分引人注目。在利用资源、开发能源和污染治理等方面，生物催化剂有极为广阔的前景。生物催化剂的缺点是不耐热、易受某些化学物质及杂菌的破坏而失活、稳定性差、寿命短、对温度和 pH 值范围要求苛刻，酶催化剂的价格较昂贵。

3. 工业催化剂使用中的有关问题

在采用催化剂的化工生产中，正确地选择并使用催化剂是个非常重要的问题，关系到生产效率和效益。通常对工业催化剂的以下几种性能有一定的要求。

（1）工业催化剂的使用性能

① 活性　指在给定的温度、压力和反应物流量（或空间速度）下，催化剂使原料转化的能力。活性越高则原料的转化率越高；或者在转化率及其他条件相同时，催化剂活性越高则需要的反应温度越低。工业催化剂应有足够高的活性。

② 选择性　指反应所消耗的原料中有多少转化为目的产物。选择性越高，生产单位量目的产物的原料消耗定额越低，也越有利于产物的后处理，故工业催化剂的选择性应较高。当催化剂的活性与选择性难以两全其美时，若反应原料昂贵或产物分离很困难，宜选用选择性高的催化剂；若原料价廉易得或产物易分离，则可选用活性高的催化剂。

③ 寿命　指其使用期限的长短，寿命的表征是生产单位量产品所消耗的催化剂量，或在满足生产要求的技术水平上催化剂能使用的时间长短，有的催化剂使用寿命可达数年，有的则只能使用数月。虽然理论上催化剂在反应前后化学性质和数量不变，可以反复使用，但实际上当生产运行一定时间后，催化剂性能会衰退，导致产品产量和质量均达不到要求的指标，此时，催化剂的使用寿命结束，应该更换催化剂。催化剂的寿命受以下几方面性能影响。

a. 化学稳定性。指催化剂的化学组成和化合状态在使用条件下发生变化的难易程度。在一定的温度、压力和反应组分长期作用下，有些催化剂的化学组成可能流失，有的化合状态变化，都会使催化剂的活性和选择性下降。

b. 热稳定性。指催化剂在反应条件下对热破坏的耐受力。在热的作用下，催化剂中的一些物质的晶型可能转变，微晶逐渐烧结，络合物分解，生物菌种死亡和酶失活等，这些变化导致催化剂性能衰退。

c. 力学性能稳定性。指固体催化剂在反应条件下的强度是否足够。若反应中固体催化剂易破裂或粉化，使反应器内阻力升高，流体流动状况恶化，严重时发生堵塞，迫使生产非正常停工。

d. 耐毒性。指催化剂对有毒物质的抵抗力或耐受力。多数催化剂容易受到一些物质的毒害，中毒后的催化剂活性和选择性显著降低或完全失去，缩短了其使用寿命。常见的毒物有砷、硫、氯的化合物及铅等重金属，不同催化剂的毒物是不同的。在有些反应中，特意加入某种物质以毒害催化剂中促进副反应的活性中心，从而提高了选择性。

除了应研制具有优良性能、长寿命的催化剂外，在生产中必须正确操作和控制反应参数，防止损害催化剂。

（2）催化剂的活化　许多固体催化剂在出售时的状态一般是较稳定的，但这种稳定状态不具有催化性能，催化剂使用厂必须在反应前对其进行活化，使其转化成具有活性的状态。不同类型的催化剂要用不同的活化方法，有还原、氧化、硫化、酸化、热处理等，每种活化方法均有各自的活化条件和操作要求，应该严格按照操作规程进行活化，才能保证催化剂发挥良好的作用。如果活化操作失误，轻则使催化剂性能下降，重则使催化剂报废，造成经济损失。

（3）催化剂的失活和再生　引起催化剂失活的原因较多，对于络合催化剂而言，主要是超温，大多数络合物在250℃以上就分解而失活；对于生物催化剂而言，过热、化学物质和杂菌的污染、pH值失调等均是失活的原因；对于固体催化剂而言，其失活原因主要有超温过热，使催化剂表面发生烧结、晶型转变或物相转变；原料气中混有毒物杂质，使催化剂中毒；有污垢覆盖催化剂表面，污垢可能是原料带入，或设备内的机械杂质如油污、灰尘、铁锈等；有烃类或其他含碳化合物参加的反应往往易析碳，催化剂酸性过强或催化活性较低时析碳严重，发生积炭或结焦，覆盖催化剂活性中心，导致失活。

催化剂中毒有暂时性和永久性两种情况。暂时性中毒是可逆的，当原料中除去毒物后，催化剂可逐渐恢复活性，永久性中毒则是不可逆的。催化剂积碳可通过氧化再生。但无论是暂时性中毒后的再生，还是积碳后的再生，通常均会引起催化剂结构不同程度的损伤，致使活性下降。

因此，应严格控制操作条件，采用结构合理的反应器，使反应温度在催化剂最佳使用温度范围内合理地分布，防止超温；反应原料中的毒物杂质应该预先加以脱除，使毒物含量低于催化剂耐受值以下；在有析碳反应的体系中，应采用有利于防止析碳的反应条件，并选用抗积碳性能高的催化剂。

第二章

化学原料及其初加工

化学原料的初加工包括天然气、煤、石油在内的化学原料的初加工，对于后续的资源利用有重要的作用。

第一节 天然气及其初步加工

天然气是埋藏在地下的可燃性气体，它可以单独存在，还可与石油和煤伴生，称为油田伴生气（油田气）和煤田伴生气（煤层气）。

一、天然气的组成与分类

从组成来看，可将天然气划分为干气和湿气。

1. 干气

干气主要成分是甲烷，其次是乙烷、丙烷和丁烷，并含有少量戊烷以上重组分，以及二氧化碳、氮气、硫化氢、氢气等杂质。对它稍加压缩不会有液体产生，故被称作干气。属于这一类的有非伴生天然气和煤田伴生气。

2. 湿气

湿气除甲烷和乙烷等低碳烷烃外，还有 $15\%\sim20\%$ 或以上的 $C_3\sim C_4$ 的烷烃及少量轻汽油，对它稍加压缩就有汽油析出来，故称湿气。属于这一类的天然气有油田伴生气。

天然气的成分随产地不同而有所差异，甚至随开采的时间和气象条件的变化而变化。天然气的代表性组成见表 2-1。从表中数据可知，含 C_2 以上烷烃越多，天然气的相对密度就越大，故可从测定密度来推知它的组成。

表 2-1　天然气的代表性组成

编号	CH_4/%	C_2 以上烷烃/%	CO_2/%	N_2/%	H_2S/%	相对密度
1	96.5	—	1.4	2.1	—	0.58
2	86.7	9.5	1.7	2.1	—	0.63
3	67.6	31.3	—	1.1	—	0.71
4	23.6	69.7	2.5	1.3	2.9	0.91

油田气是随着石油一起开采出来的气体，几乎全是饱和的碳氢化合物，主要含甲烷、乙烷、丙烷和丁烷，以及少量的轻汽油，此外也含有杂质硫化氢、二氧化碳和氢气。几种油田气的组成见表 2-2。

表 2-2　油田气的组成　　　　　　　单位：%

成分	CH_4	C_2H_6	C_3H_8	C_4H_{10}	C_5H_{12}	CO_2
干气	83.7	0.6	0.2	—	—	11.5
湿气	10.7	17.8	35.7	19.7	8.4	7.5

干气中绝大部分是甲烷，因此是制造合成氨和甲醇的好原料，由于热值很高，也是很好的燃料。湿气中乙烷以上烃类含量高，对它们加适当压力会被液化，常被称为"液化石油气"（LPG），用作热裂化原料或民用燃料；C_5 以上烷烃，稍加压缩即被凝析出来，常被称为"凝析汽油"，也是热裂化制低级烯烃的好原料。

二、天然气的化工利用

天然气的化工利用主要有以下 4 条途径：

① 经转化先制成合成气（CO＋H_2）或含氢很高的气体，然后进一步合成甲醇、高级醇、氨等；

② 经部分氧化以制造乙炔，发展乙炔化学工业；

③ 经热裂解制乙烯、丙烯、丁烯、丁二烯和乙炔；

④ 直接用以生产各种化工产品，例如炭黑、氢氰酸、各种氯代甲烷、硝基甲烷、甲醇、甲醛等。

湿天然气经脱硫、脱水预处理后，用压缩冷冻或深冷等方法可将其中的乙烷、丙烷、丁烷等馏分分离出来，进一步加以利用。乙烷和丙烷是裂解制乙烯和丙烯的重要气态原料。丙烷、丁烷氧化可制乙醛和乙酸。天然气的化工利用途径如图 2-1 所示。

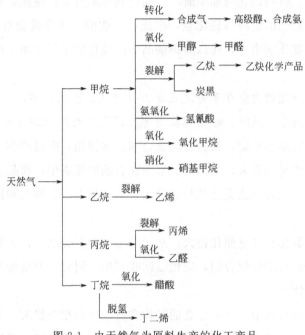

图 2-1　由天然气为原料生产的化工产品

第二节　石油及其初步加工

石油又称原油，存在于地下多孔的储油构造中，由低级动植物在地压和细菌的作用下，经过复杂的化学变化和生物化学变化而形成。石油是一种有气味的黏稠液体，其色泽一般是黄色到黑褐色或青色，相对密度为 0.75～1.0，热值 43.5～46MJ/kg，是多种烃类（烷烃、环烷烃和芳烃等）的复杂混合物，并含有少量的硫、氧和氮的有机化合物，平均碳含量为 85%～87%，平均氢含量为 11%～14%，O、S、N 含量合计为 1%。

一、原油的预处理

石油中所含硫化物有硫化氢、硫醇（RSH）、二硫化物（RSSR）和杂环化合物等。多数石油含硫总量小于 1%，这些硫化物都有一种臭味，对设备和管道有腐蚀性。有些硫化物如硫醚、二硫化物等本身无腐蚀性，但受热后会分解生成腐蚀性较强的硫醇与硫化氢，燃烧后生成的二氧化硫会造成空气污染，硫化物还能使催化剂中毒，所以除掉油品中的硫化物是石油加工过程中的重要一环。

石油中的氮化物含量在千分之几至万分之几，胶质越多，含氮量也越高。氮化物主要是吡咯、吡啶、喹啉和胺类等。石油中胶状物质（胶质、沥青质、沥青质酸等）对热不稳定，很容易起叠合和分解作用，所得产物的结构非常复杂，相对分子质量也很大，绝大部分集中在石油的残渣中，油品越重，所含胶质也越多。含氮化合物还会使某些催化剂中毒，故在石油加工和精制过程中必须将其脱除。

石油中的氧化物含量变化很大，从千分之几到百分之一，主要是环烷酸和酚类等，它们是有用的化合物，应加以回收利用，同时它们呈酸性，对设备和管道也有腐蚀性。

不同产地的石油中，各种烃类的结构和所占比例相差很大，成分复杂，还含有水和氯化钙、氯化镁等盐类。经过脱水、脱盐后的石油主要是烃类的混合物，通过分馏就可以把石油分成不同沸点范围的蒸馏产物，分馏出来的各种成分叫馏分，可得到溶剂油、汽油、航空煤油、煤油、柴油、重油、石脑油等。

石油按烃类相对含量多少可分为烷基石油（石蜡基石油）、环烷基石油（沥青基石油）、芳香基石油和中间基石油。我国石油大多属于烷基石油，表 2-3 所示为国内主要原油的一般性质。

表 2-3　中国主要原油的一般性质

项目	大庆原油	大港原油	任丘原油	胜利原油（孤岛）	新疆原油	中原原油
相对密度(d_4^{20})	0.8601	0.8826	0.8837	0.9460	0.8708	0.8466
黏度(50℃)/mPa·s	23.85	17.37	57.1	—	30.66	10.32
凝点/℃	31	28	36	−2	−15	33
w(蜡)/%	25.76	15.39	22.8	7.0	—	19.7
w(沥青质)/%	0.12	13.14	2.5	7.8	—	—
w(胶质)/%	7.96	13.14	23.2	32.9	11.3	9.5

续表

项目	大庆原油	大港原油	任丘原油	胜利原油（孤岛）	新疆原油	中原原油
w(残炭)/%	2.99	3.2	6.7	6.6	3.31	3.8
酸值(KOH)/mg·g^{-1}	0.014	—	—	—	—	—
w(灰分)/%	0.0027	0.018	0.0097			
闪点(开口)/℃	34	<42	70	—	5(闭口)	—
W(硫)/%	—	0.12	0.31	2.06	0.09	0.52
W(氮)/%	0.13	0.23	0.38	0.52	0.26	0.17
原油种类	低碳石蜡基	低硫环烷中间基	低硫石蜡基	含硫环烷中间基	低硫中间基	低硫石蜡基

在油田脱过水后的原油，仍然含有一定量的盐和水，所含盐类除有一小部分以结晶状态悬浮于油中外，绝大部分溶于水中，并以微粒状态分散在油中，形成较稳定的油包水型乳化液。

原油含盐和水对后续的加工工序带来不利影响。水会增加燃料消耗和蒸馏塔顶冷凝冷却器的负荷；原油中所含无机盐主要是氯化钠、氯化钙、氯化镁等，其中以氯化钠的含量最多（约75%）。这些盐类受热后易水解生成盐酸，腐蚀设备，也会在换热器和加热炉管壁上结垢，增加热阻，降低传热效果，严重时甚至会烧穿炉管或堵塞管路。因为原油中盐类大多残留在重馏分油和渣油中，所以还会影响油品二次加工过程及其产品的质量。因此，在进入炼油装置前，要将原油中的盐含量脱除至小于3mg/L，水的质量分数小于0.2%。

由于原油形成的是一种比较稳定的乳化液，炼油厂广泛采用的是加破乳剂和高压电场联合作用的脱盐方法，即所谓电脱盐脱水。为了提高水滴的沉降速率，电脱盐过程是在80~120℃甚至更高（如150℃）的温度下进行的。图2-2所示为二级电脱盐流程。原油自油罐抽出，与破乳剂、洗涤水按比例混合后经预热送入一级电脱盐罐进行第一次脱盐、脱水。在电脱盐罐内，在破乳剂和高压电场（强电场强度为500~1000V/cm，弱电场强度为150~300V/cm）的共同作用下，乳化液被破坏，小水滴聚结生成大水滴，通过沉降分离，排出污水（主要是水及溶解在其中的盐，还有少量的油）。一级电脱盐的脱盐效率为90%~95%。经一级脱盐后的原油再与破乳剂及洗涤水混合后送入二级电脱盐罐进行第二次脱盐、脱水。通常二级电脱盐罐排出的水含盐量不高，可将它回流到一级混合阀前，这样既节省用水又减少含盐污水的排出量。在电脱盐罐前注水的目的在于溶解原油中的结晶盐，同时也可减弱乳化剂的作用，有利于水滴的聚集。经过两次电脱盐工序后，原油中的含盐和含水量已能达到要求，可送炼油车间进一步加工。

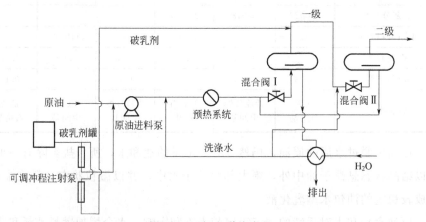

图 2-2 二级电脱盐流程

在加工含硫原油时，还需向经脱水和脱盐的原油中加入适量的碱性中和剂与缓蚀剂，以减轻硫化物对炼油设备的腐蚀。

二、常减压蒸馏

原油的常减压蒸馏流程如图 2-3 所示。石油经预热至 200～240℃后，入初馏塔。轻汽油和水蒸气由塔顶蒸出，冷却到常温后，入分离器分离出水和未凝气体，分离器底部的产品为轻汽油（又称石脑油），是生产乙烯和芳烃的原料。未凝气体称为"原油拔顶气"，占原油质量的 0.15%～0.4%，其中乙烷占 2%～4%，丙烷约 30%，丁烷约 50%，其余为 C_5 及 C_5 以上组分，可用作燃料或生产烯烃的裂解原料。初馏塔底油料，经加热炉加热至 360～370℃，进入常压塔，塔顶出汽油，第一侧线出煤油，第二侧线出柴油。为与油品二次加工所得汽油、煤油和柴油区分开来，在它们前面冠以"直馏"两字，以表示它们是由原油直接蒸馏得到的。将常压塔釜重油在加热炉中加热至 380～400℃，进入减压蒸馏塔。采用减压操作是为了避免在高温下重组分的分解（裂解）。减压塔侧线油和常压塔三、四线油，总称"常减压馏分油"，用作炼油厂的催化裂化等装置的原料。减压塔底得到的减压渣油可用于生产石油焦或石油沥青。表 2-4 是国内某石油化工厂常压蒸馏塔所控制的指标,原料是大庆原油。

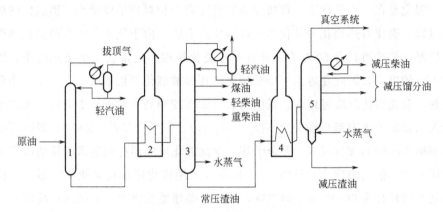

图 2-3　原油的常减压蒸馏流程

1—初馏塔;2—常压加热炉;3—常压塔;4—减压加热炉;5—减压塔

表 2-4　常压蒸馏塔所控制的指标

控制点位置	所在塔板层数	温度/℃	油品种类	产率/%
常压塔顶	40	95～100	汽油	5.0
常压一线	29～31	145～150	煤油	9.1
常压二线	17～19	267～270	轻柴油	6～7
常压三线	13～15	330～335	重柴油	6～7
常压塔底	0	345～350	重油	65～75

三、催化裂化

原油通过常减压蒸馏的方法可以获得汽油、煤油和柴油等轻质液体燃料,但产量不高,约占石油总量的 25%,而且主要是直链烷烃,辛烷值低,只有 50 左右,不能直接用作发动机燃料。而有些油料,例如减压塔塔釜流出的渣油产量很大,约占原油质量的 30%。还有常减压馏分油、润滑油制造和石蜡精制的下脚油、催化裂化回炼油、延迟焦化的重质馏分油等,沸点范围 300～550℃,相对分子质量较大,在工业上用处不大。因此,人们就很自然地产生了利用这些油料通过裂解反应来增产汽油的想法,并建立了相应的生产装置。此外,在少数场合也利用轻质油品作裂解原料油,例如,以生产航空汽油为主要目的时，常常采用直馏初柴油（瓦斯油）、焦化汽油、焦化柴油等作裂解原料，这样做除可显著地增产汽油外，还可提高所得汽油和柴油的品质。

裂化是在一定条件下，重质油品的烃断裂为相对分子质量小、沸点低的烃的过程。裂化有热裂化和催化裂化两种生产方法。由于热裂化所生产的汽油质量较差，辛烷值只有 50 左右，并且在热裂化过程中还常会发生结焦现象，影响生产的进行，因此在炼油厂中热裂化已逐步被催化裂化所取代。由于使用催化剂，催化裂化反应可以在较低的压力（常压或稍高于常压）下进行。催化剂有人工合成的无定形硅酸铝（$SiO_2 \cdot Al_2O_3$）、Y 型分子筛、ZSM-5 型沸石以及用稀土改性的 Y（或 X）型分子筛。催化裂化反应器有固定床、移动床和流化床三种。催化裂化流程见图 2-4。该流程采用流化床催化裂化反应器，催化剂是平均粒径为 $60\sim80\mu m$ 的微球，故又称微球型催化剂。催化剂在反应器中呈流化状态，油品加热到反应温度，在催化剂作用下发生裂解反应。反应中有少量粒径较小的催化剂随裂解产物一起，在旋风分离器中分开，气体上升、催化剂下降至流化层继续参与催化反应。积满焦炭而又失去了活性的催化剂，由于粒大且重，沉在流化层下层，并通过输送管，送往再生器中。在此，通入空气烧焦，催化剂粒子变小，活性恢复并被加热到一定温度，再返回反应器重新使用。因此，再生器不仅恢复了催化剂的活性，而且也提供了裂解反应所需的温度和大部分热量。

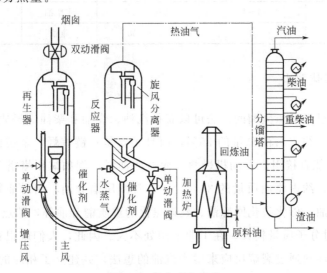

图 2-4　催化裂化流程

由于使用了催化剂，与热裂化相比，烷烃分子链的断裂在中间而不是在末端，因此产物以 C_3、C_4 和中等大小的分子居多，C_1 和 C_2 的产率明显减少。异构化、芳构化（如六元环烷烃催化脱氢生成苯）、环烷化（如烷烃生成环烷烃）等反应在催化剂作用下得到加强，从而使裂解产物中异构烷烃、环烷烃和芳香烃的含量增多，使裂化汽油的辛烷值提高。在催化剂作用下，氢转移反应（缩合反应中产生的氢原子与烯烃结合成饱和烃的反应）更易进行，使得催化汽油中容易聚合的二烯烃类大为减少，汽油安定性较好。当然，催化裂化和热裂化一样，也会发生聚合、缩合反应，从而使催化剂表面结焦。由于进行的裂解、缩合（脱氢）、芳构化等反应都是吸热的，因此从总体上说，和热裂化一样，催化裂化也是吸热的。

催化裂化产物主要是气体（称为催化裂化气）和液体。固体产物（焦炭）生成量不多，且在催化剂再生器中已被烧掉。催化裂化气产率为原料总质量的 $10\%\sim17\%$，其中乙烯含量为 $3\%\sim4\%$，丙烯为 $13\%\sim20\%$，丁烯为 $15\%\sim30\%$，烷烃约占 50%。据统计，一个处理能力为 $1.2\times10^6 t/a$ 的催化裂化装置，约可副产乙烯 $5000\sim7000t$，丙烯 $38000t$，异丁烯 $12000t$，正丁烯 $45000t$，剩余约 50% 的烷烃是生产低级烯烃的裂解原料。因此，催化裂化气实际上是很有经济价值的化工原料气源。在国内外的大中型炼油厂中，都建有分离装置，将催化裂化气中的烯烃逐个地分离出来，经进一步提纯后用作生产高聚物的单体或有机合成原料。

催化裂化所得液体产品以催化裂化汽油居多，占裂解原料总质量的 $40\%\sim50\%$。国内催化裂化汽油的典型组成中芳烃含量比较低（$<25\%$），苯含量也大大低于 1%，但烯烃含量严重超标。为达到新配方汽油（RFG）标准，尚须在原料、操作和催化剂上做出种种努力以降低汽油中烯烃的含量。催化裂化汽油因有芳烃、环烷烃和异构烷烃，辛烷值可达 $70\sim90$，是一种优质车用汽油，若用来驱动货车，只需辛烷值为 70 的汽油，此时在催化裂化汽油中还可掺入部分直馏汽油。

催化裂化柴油占裂化原料油质量的 $30\%\sim40\%$，其中轻柴油的质量占柴油总质量的 $50\%\sim60\%$。催化裂化柴油中含有大量芳烃，是抽提法回收芳烃的原料。经抽提后，可大大提高柴油的十六烷值，改善柴油的品质。抽提所得芳烃中含有甲基萘，经加氢脱烷基后可制萘（又称石油萘，以示与焦化制得的萘相区别）。柴油中含有烯烃，安定性差，因此柴油出厂前还需经过加氢处理。

分出汽油和柴油的重质油馏分，可以返回催化裂化装置作原料用，故它又称回炼油（因里面包含较多的催化剂微粒，容易磨损燃油泵和堵塞燃料油喷嘴，不宜作燃料使用），但因含重质芳烃多，易结焦，也不是理想的催化裂化原料油，现多用作加氢裂化原料油。

四、加氢裂化

加氢裂化是催化裂化技术的改进。在临氢条件下进行催化裂化，可抑制催化裂化时发生的脱氢缩合反应，避免了焦炭的生成。操作条件为压力 6.5～13.5MPa，温度 340～420℃，可以得到不含烯烃的高品位产品，液体收率可高达 100％以上（因有氢加入油料分子中）。原料可以是城市煤气厂的冷凝液（俗称凝析油）、重整后的抽余油、由重质石脑油分馏所得的粗柴油、催化裂化的回炼油等。本方法的工艺特点可简述如下：

① 生产灵活性大，使用的原料范围广，高硫、高氮、高芳烃的劣质重馏分油都能加工，并可根据需要调整产品方案。因此加氢裂化过程逐渐成为炼油工业中最先进、最灵活的过程。

② 产品收率高、质量好，产品中含不饱和烃和重芳烃少。由于通过加氢反应可以除去有害的含硫、氮、氧的化合物，因此非烃类杂质更少，故产品的安定性好、无腐蚀。加氢裂化副产气体以轻质异构烃为主。

③ 抑制焦炭生成，因为焦炭生成量少，所以不需要再生催化剂，可以使用固定床反应器。总的反应过程是放热的，所以反应器中需冷却，而不是加热。

加氢裂化催化剂是具有加氢活性和裂化活性的双功能催化剂，主要有非贵金属（Ni、Mo、W）催化剂和贵金属（Pd、Pt）催化剂两种。这些金属的氧化物与二氧化硅-氧化铝或沸石分子筛组成双功能催化剂。其中催化剂加氢活性功能由上述金属或金属氧化物提供，裂化活性功能由二氧化硅-氧化铝或沸石分子筛提供。

表 2-5 为减压柴油加氢裂化产品的组成。由表 2-5 可见，加氢裂化产品中的加氢减压柴油，虽仍是重质油，但与减压柴油比较烷烃含量增加，重芳烃的含量显著减少，可作裂解制烯烃的原料。

表 2-5 减压柴油加氢裂化产品的组成 单位:%

原料		加氢裂化产品		
减压柴油		加氢轻油	加氢汽油	加氢减压柴油
烷烃	22.5	24	27.7	74
环烷烃	39.0	43.2	56.1	24.6
芳烃	37.5	32.6	16.2	1.2

加氢裂化的缺点是所得汽油的辛烷值比催化裂化低,必须经过重整来提高其辛烷值;加氢裂化需在高压下进行,并且消耗大量的氢,所以操作费用和生产设备的成本比催化裂化高。所以,工业上,加氢裂化是作为催化裂化的一个补充,而不是代替催化裂化。例如,它可以加工从催化裂化得到的沸点范围在汽油以上的、含有较多多环芳烃的油料,而这些油料是很难进一步催化裂化的。

五、催化重整

催化重整是将轻质原料油,如直馏汽油、粗汽油等,经过催化剂的作用,使油料中的烃类重新调整结构,生成大量芳烃的工艺过程。此方法最初是用来生产高辛烷值的汽油。随着有机化工的发展,对芳烃的需求量骤增,由煤干馏所得芳烃已远远不能满足市场的需要,而重整油料中芳烃的含量高达 30%～60%,有的甚至高达 70%,比催化裂化汽油中的芳烃含量高得多,因此催化重整很自然就成为获取芳烃的重要途径。

催化重整是在铂催化剂作用下,使环烷烃和烷烃发生脱氢芳构化反应而生成芳烃。

环烷烃脱氢芳构化:

环烷烃异构化脱氢生成芳烃:

烷烃脱氢芳构化:

$$CH_3CH_2CH_2CH_2CH_2CH_3 \xrightarrow{-4H_2}$$

除上述三类主要反应外，还有正构烷烃的异构化、加氢裂化等反应。正构烷烃的异构化反应对提高汽油辛烷值有利。但加氢裂化反应的发生，不利于芳烃的生成且降低了液体产率，因而应尽量抑制这类反应。表 2-6 为大庆油催化重整汽油的典型组成和性质。

表 2-6   大庆油催化重整汽油的典型组成和性质

性质		指标	组成	指标
密度(20℃)/(g/cm^3)		0.7892	w(烷烃)/%	35.2
收率/%		85.5	w(环烷烃)/%	0.5
干点/℃		182	w(芳烃)/%	64.2(其中，苯 18)
馏程 /℃	初馏点	52		
	$w=10\%$	69		
	$w=50\%$	110		
	$w=90\%$	149		

由表 2-6 可见，重整原料油经过催化重整后，可得到总质量 85.5% 的催化重整汽油，其中芳烃的含量高达 64.2%，因此是获取芳烃的好原料。从重整油中提取芳烃工业上常用液-液抽提的方法，即用一种对芳烃和非芳烃具有不同溶解能力的溶剂（如三乙二醇醚、环丁砜等），将所要的芳烃抽提出来，使芳烃和溶剂分离，抽提后获得基本上不含非芳烃的各种芳烃化合物，再经精馏得到产品苯、甲苯和二甲苯。因此，催化重整的工艺流程主要有三个组成部分，预处理及催化重整、抽提和精馏。预处理及催化重整部分的工艺流程如图 2-5 所示。

催化重整的原料油不宜过重，一般终沸点不得高于 200℃，通常是以轻汽油为原料。重整过程中对原料杂质含量有一定的要求。如砷、铝、钼、汞、硫、氮等都会使催化剂中毒而失去活性，特别是钼催化剂对砷最为敏感，要求原料油中含砷量不大于 0.1μg/g。如图 2-5 所示，原料油在预分馏塔 1 进行分馏，沸点低于 60℃ 的馏分从塔顶馏出，经过冷凝和分离后，一部分回流，一部分作为轻馏分收集。从预分馏塔底引出的 60～145℃ 的原料油，泵送到预加氢加热炉 2 与氢气混合加热到 340℃，送至预加氢反应器 3，在压力 1.8～2.5MPa 和钼酸铝催化剂的作用下，进行脱硫、脱氮等反应，同时还吸附砷、铅等易使钼催化剂中毒的化合物。预加氢反应后，反应物进入预加氢汽提塔

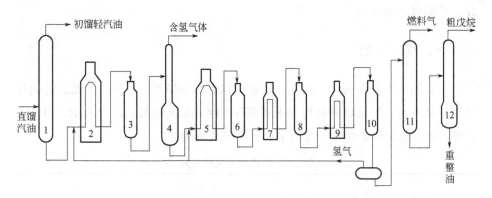

图 2-5 预处理及催化重整部分的工艺流程

1—预分馏塔；2—预加氢加热炉；3—加氢反应器；4—预加氢汽提塔；5—第一加热炉；6—反应器（Ⅰ）；
7—第二加热炉；8—反应器（Ⅱ）；9—第三加热炉；10—反应器（Ⅲ）；11—稳定塔；12—脱戊烷塔

4，在塔的中下部吹入一部分来自重整工段的含氢气体，以脱除预加氢生成的硫化氢、氨及水等。从汽提塔底获得预处理后的重整原料油进入第一加热炉5，根据催化剂类型的不同，炉的出口温度控制在 490～530℃，反应压力一般为 2～3MPa。进入反应器（Ⅰ）6，由于生成芳烃的反应都是强吸热反应（反应热为 627.9～837.2 千焦每千克重整进料），因此，一般重整反应分成三个反应器，中间加热以补偿热量消耗。经连续三次反应后便完成重整反应。再经加氢除烯烃及稳定塔和脱戊烷塔处理，塔底得重整油。重整油中芳烃经抽提后，所余下的部分称抽余油，可混入商品汽油，也可作为裂解制乙烯的原料。将抽提出来的混合芳烃经精馏后可分别得到纯苯、甲苯、二甲苯。

第三节 煤及其初步加工

煤是由远古时代植物残骸在适宜的地质环境下经过漫长岁月的天然煤化作用而形成的生物岩。由于成煤植物和生成条件不同，煤一般可以分为三大类：腐植煤、残植煤和腐泥煤。由高等植物形成的煤称为腐植煤。由高等植物中稳定组分（角质、树皮、孢子、树脂等）富集而形成的煤称为残植煤。由低等植物（以藻类为主）和浮游生物经过部分腐败分解形成的煤称为腐泥煤，包括藻煤、胶泥煤和油页岩。

一、煤的干馏

在自然界中分布最广、最常见的是腐植煤，如泥炭、褐煤、烟煤、无烟煤就属于这一类。煤是以有机物为主要成分，除含 C 元素外，还含有 H、O、S、P 等元素以及无机矿物质。煤的主要元素组成见表 2-7。

表 2-7　煤的主要元素组成

种类	$w/\%$		
	C	H	O
泥煤	60～70	5～6	25～35
褐煤	70～80	5～6	15～25
烟煤	80～90	4～5	5～15
无烟煤	90～98	1～3	1～3

煤不仅可以直接用作燃料，而且可以转变为电、热、气及化工产品。通过采用不同的加工方法和生产工艺，由煤可以制取化肥、塑料、合成橡胶、合成纤维、炸药、染料、医药等多种重要化工原料。在化学工业领域，煤既是燃料，也是重要原料。近代工业革命促进了煤的开采和利用，同时也带来了近代化学工业的兴起。因此，煤在国民经济中占有很重要的地位。

煤在隔绝空气条件下，加热分解生成气态（煤气）、液态（焦油）和固态（焦炭）产物的过程，称为煤干馏（或称炼焦、焦化）。按加热终温的不同，可分为三种：高温干馏，900～1100℃；中温干馏，700～900℃；低温干馏，500～600℃。物质再经精制分离可制得数百种有机化合物。焦炉煤气不仅是很好的气体燃料，而且也是基本有机化学工业的原料，在焦化产品中约占 20%，其大致组成见表 2-8。

表 2-8　焦炉煤气的组成

组分	氢气	甲烷	乙烯及少量其他烯烃	乙烷及高级烷烃	一氧化碳	氮	二氧化碳
$w/\%$	54～63	20～32	0.95～3.2	0.5～2.2	5～8	2～8	2～3

焦炉煤气进行分离后，可得纯氢，用于合成氨及加氢反应的原料。此外，还可分离出甲烷馏分和乙烯馏分。据估计，一套年处理 100 万吨煤的炼焦装置，每年约可以得到 4 万～5 万吨的甲烷和 0.4 万～0.5 万吨的乙烯。

粗苯约占焦化产品 1.5%，各组分的平均含量见表 2-9。将粗苯进行分离精制，可得到苯、甲苯、二甲苯等基本有机化学工业的产品。

表 2-9　粗苯的组成

组分（芳烃）	w/%	组分（不饱和烃）	w/%	组分（硫化物）	w/%	组分（其他夹带物）	w/%
苯	50～70	戊稀	0.5～0.8	二硫化碳	0.3～1.5	吡啶甲基吡啶	0.1～0.5
甲苯	12～22	环戊二烯	0.5～1.0	噻吩甲基噻吩二甲基噻吩	0.2～1.0	酚	0.1～0.4
二甲苯	2～6	苯乙烯	0.5～1.0			萘	0.5～2.0
三甲苯	2～6	茚	1.5～2.5				
乙苯	0.5～1.0			硫化氢	0.1～0.2		

煤焦油约占焦化产品的 4%，它的成分相当复杂，含有的芳香烃和品种繁多的稠环与杂环化合物多达 1 万种以上，目前已测定出分子结构和理化性能的有 500 多种。最重要的成分是萘，约占 10%；其他还有苯、甲苯、二甲苯、酚、吡啶、蒽等，都是有机合成工业的重要原料。在现代化的大型焦化厂中，用精馏的方法，把煤焦油分成若干馏分，如表 2-10 所示。煤焦油的分离和利用对发展有机合成工业具有极其重要的意义，在提供多环芳烃和高碳物料原料方面具有不可替代的作用。由煤焦油分离出的化工产品是生产某些医药、染料、香料和农药等精细化工产品不可缺少的原料。随着煤焦油加工技术的提高，焦油产品的进一步加工变得越来越重要。

表 2-10　精馏方法得到煤焦油的若干馏分

馏分	沸点范围/℃	收率/%	组成（主要馏分）/%	用途
轻油	<180	0.5～1.0	含苯类	分出苯、甲苯、二甲苯
酚油	180～210	2～4	含酚 28～40	分出苯酚、甲酚
萘油	210～230	9～12	含萘 78～84	分离萘
洗油	230～300	6～9	含吡啶 4～7，含萘 5～12	脱酚和吡啶后，用作洗油以从出炉煤气中回收粗苯

续表

馏分	沸点范围/℃	收率/%	组成(主要馏分)/%	用途
蒽油	300~360	20~24	含蒽 18~30	分出粗蒽及防腐油
沥青	>360	50~55	精馏时的残渣	可用于制电极、黏结剂、屋顶涂料、防湿剂等

煤的低温干馏可得约 80% 的半焦（含挥发分比焦炭高些）、约 10% 的煤气和 10% 的焦油。这种干馏方法比高温干馏的温度低，所以得到的产品也有很大区别。以焦油而言，低温焦油中除含有酚类外，并不含芳香烃，因此它不是芳香烃的来源。低温焦油是由与石油成分相似的脂肪类烷烃、烯烃和环烷烃组成的混合物，其中尤以环烷烃的含量为最高。以煤气而言，低温干馏的煤气产量虽不大，仅为高温干馏时焦炉煤气产率的一半左右，但值得注意的是，它的烃类含量要比焦炉煤气约高一倍以上。煤低温干馏的产物见图 2-6。

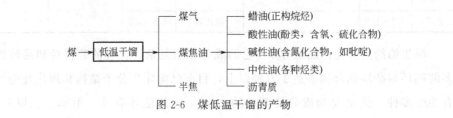

图 2-6 煤低温干馏的产物

二、煤的气化

煤、焦或半焦在高温、加压或常压条件下，与气化剂如水蒸气、空气或它们的混合气反应制得合成气（$CO+H_2$），称为煤的气化，这是制取基本有机化工原料的重要途径。

工业上进行煤气化应用较广的方法是固定床气化法和沸腾床气化法。以固定床气化法最为多见，它是向炽热的煤层中交替地通入水蒸气和空气，使煤层发生如下的反应以获得合成气。

$$C+H_2O \Longrightarrow CO+H_2 \qquad \Delta H=118.798 kJ/mol$$

$$C+2H_2O \Longrightarrow CO_2+2H_2 \qquad \Delta H=75.222 kJ/mol$$

$$CO_2+C \longrightarrow 2CO \qquad \Delta H=162.374 kJ/mol$$

上述反应都是吸热反应，如果连续地通入水蒸气，将使煤层的温度迅速下降。为了保持煤层的温度，必须交替地向炉内通入水蒸气和空气。当向炉内通入空气时，主要进行碳的燃烧反应，放出热量，加热煤层。反应温度越高，越有利于水蒸气的分解，产生的煤气质量就越好。由上述方法制得的煤气，又称水煤气，其组成见表 2-11。煤气化生产的合成气是合成液体燃料、甲醇、醋酐等多种产品的原料。以合成气为原料生产的主要化工产品见图 2-7。

表 2-11　水煤气的组成

组分	氢气	一氧化碳	二氧化碳	氮气	甲烷	氧气
$w/\%$	48.4	38.5	6.0	6.4	0.5	0.2

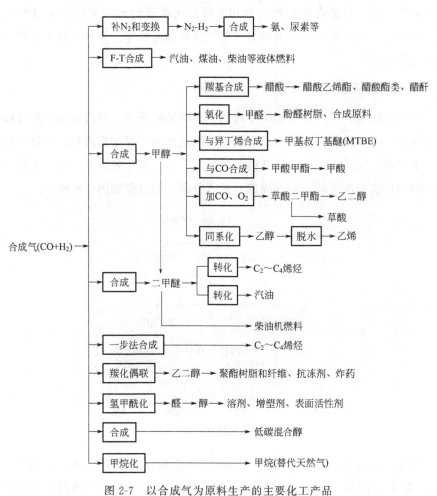

图 2-7　以合成气为原料生产的主要化工产品

三、煤的液化

煤炭液化技术是将固体的煤炭转化为液体燃料、化工原料等产品的先进洁净煤技术。煤液化合成液体燃料是解决石油短缺的重要途径之一，是一项具有重要战略意义的能源生产技术。煤液化分两个途径：其一是将煤在高温高压下与氢反应直接转化为液体油类，即煤的直接液化，又称加氢液化；其二是先使煤气化生成合成气，再由合成气合成液体燃料或化学产品，称为煤的间接液化。两种液化工艺各有所长，总的来讲，直接液化热效率比间接液化高，对原料煤的要求高，较适合于生产汽油和芳烃；间接液化允许采用高灰分的劣质煤，较适合于生产柴油、含氧的有机化工原料和烯烃等。两种液化工艺都应得到重视和发展。

1. 煤的直接液化

与石油相比，煤的分子结构中碳原子多而氢原子少，通过加氢反应可以降低碳氢比，改变煤的分子结构，煤就可以液化成油。煤加氢液化后所得的并非单一的产物，而是组成十分复杂的，包括气、液、固三相的混合物。按照在不同溶剂中的溶解度不同，对液固部分进行分离，其流程如图 2-8 所示。

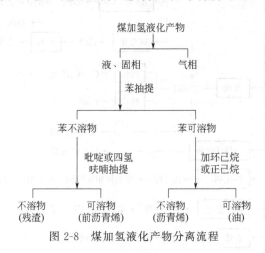

图 2-8　煤加氢液化产物分离流程

用蒸馏法分离，油中沸点小于 200℃部分为轻油或石脑油，沸点 200～325℃部分为中油，如表 2-12 所示，轻油中含有较多的酚，轻油的中性油中苯族烃含量较高，经重整可得到比石脑油更多的苯类；中油中含有较多的萘系和蒽系化合物，另外还含有较多的酚类与喹啉类化合物。

表 2-12 煤液化轻油和中油的组成

馏分		$w/\%$	主要成分
轻油	酸性油	20.0	90％为苯酚和甲酚，10％为二甲酚
	碱性油	0.5	吡啶及同系物，苯胺
	中性油	79.5	芳烃 40％，烯烃 5％，环烷烃 55％
中油	酸性油	15	二甲酚、三甲酚、乙基酚、萘酚
	碱性油	5	喹啉，异喹啉
	中性油	80	2～3 环芳烃 69％，环烷烃 30％，烷烃 1％

煤液化气体包括两部分：①含有杂原子的 H_2O、H_2S、NH_3、CO_2 和 CO 等；②气态 C_4 烃类，其产率与煤种和工艺条件有关。

2. 煤的间接液化

煤的间接液化主要有两个工艺路线，一个是合成气费托合成，另一个是合成气-甲醇-汽油的 Mobil 工艺。这两个工艺都已实现工业化生产。煤直接液化所产轻油及中油主要含芳烃。费托合成所产液体产品，主要是脂肪族化合物，适合用作发动机燃料。这样煤的直接液化和间接液化互相补充，各自以芳香族和脂肪族产品为主，以满足生产不同产品的要求。

煤间接液化中的合成技术是由德国科学家弗朗斯·费舍尔和汉斯·托普施于 1923 年首先发现的，并以他们名字的第一个字母即 F-T 命名，简称 F-T 合成或费托合成。其原理是合成气在催化剂作用下发生反应生成各种烃类以及含氧化合物。它合成的产品包括气体和液体燃料以及石蜡、乙醇、丙酮和基本有机化工原料，如乙烯、丙烯、丁烯和高级烯烃等。F-T 合成系统的总反应包括以下三类：

（1）烷烃生成反应

$$(2n+1)H_2 + nCO \Longrightarrow C_nH_{2n+2} + nH_2O$$

$$(n+1)H_2 + 2nCO \Longrightarrow C_nH_{2n+2} + nCO_2$$

（2）烯烃生成反应

$$2nH_2 + nCO \Longrightarrow C_nH_{2n} + nH_2O$$

$$nH_2 + 2nCO \Longrightarrow C_nH_{2n} + nCO_2$$

(3) 醇类生成反应

$$2n\,H_2 + n\,CO \Longrightarrow C_n H_{2n+1} OH + (n-1)H_2O$$

$$(n+1)H_2 + (2n-1)CO \Longrightarrow C_n H_{2n+1} OH + (n-1)CO_2$$

费托合成所用催化剂主要是铁、钴、镍和钌等。尽管钌和镍都具有很高的活性，但因为价格和使用寿命等原因，至今在工业上应用的只有铁和钴。由于钴比铁贵得多，且只能用于低空速的固定床，所以，目前工业应用的主要是铁催化剂。

由合成气制甲醇是工业上相当成熟的工艺。如图 2-7 所示，许多化工产品都可以由甲醇制取，甲醇是仅次于乙烯、丙烯和苯而居第 4 位的基本有机化工原料。作为生产燃料油的原料，美国 Mobil 公司开发了将甲醇转化成高辛烷值汽油的 MTG 工艺。其原理是：甲醇在一定条件下通过 ZSM-5 型沸石分子筛催化剂，发生脱水、低聚合和异构化反应转化成汽油，这一过程可表示为：

$$2CH_3OH \Longrightarrow CH_3OCH_3 + H_2O$$
$$\downarrow$$
$$C_2 \sim C_5 \text{ 烯烃} + H_2O$$

脂肪烃、环烷烃、芳香烃

通过煤炭液化，不仅可以生产汽油、柴油、液化石油气、喷气燃料，还可以制取苯、甲苯、二甲苯，也可以生产制取乙烯的原料。由于经济原因，煤液化油的成本居高不下，到目前为止尚未建立大规模生产工厂。但是，很多国家从战略技术储备出发，均投入了较多的人力、物力进行技术开发工作，不少国家完成了中间放大试验，为建立大规模的工业生产打下了基础。

四、煤制电石

工业电石是由生石灰与焦炭或无烟煤在电炉内，加热至 2200℃ 反应制得的：

$$CaO + 3C \Longrightarrow CaC_2 + CO \qquad \Delta H = 468.832kJ/mol$$

将电石用水分解即可制得乙炔。

$$CaC_2 + 2H_2O \longrightarrow C_2H_2 + Ca(OH)_2 \qquad \Delta H = 138.138kJ/mol$$

以乙炔为原料可以生产一系列有机化工产品，如图 2-9 所示。

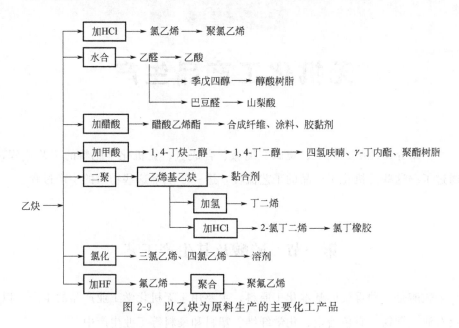

图 2-9 以乙炔为原料生产的主要化工产品

第三章

无机化工产品生产

本章介绍硫酸、硝酸、烧碱、纯碱、合成氨、无机化学肥料的工艺流程，通过了解这些无机化工产品的工艺流程，进一步明确这些物质的生产过程。

第一节　硫酸及其生产工艺

硫酸是一种重要的基本化工原料，主要用于无机化学工业产品的生产，以及石油、钢铁、有色冶金、化学纤维、塑料和染料等工业生产中。

一、概述

1. 硫酸用途和主要性质

硫酸的主要用途是生产化肥，如生产磷铵、过磷酸钙和硫酸铵等，硫酸在化肥工业上的消耗占总产量的 60% 以上。另外，硫酸还用于汽油、润滑油的精制及烯烃的烷基化反应等石油化工产品加工过程；钢铁生产加工中的预处理过程，除去钢铁表面的氧化铁皮；湿法冶炼过程，铜矿、钡矿浸取液和某些贵金属的溶解液；染料中间体的生产过程；在国防工业中与硝酸一起制取硝化纤维和三硝基甲苯；在能源工业中用于浓缩铀等。

硫酸是一种无色透明油状液体，相对分子质量为 98.078，20℃下 100% 硫酸的密度为 1830.5kg/m³，常压下沸点为 279.6℃。

硫酸浓度通常以含 H_2SO_4 质量分数表示，将浓度小于 75% 的硫酸称为稀硫酸，浓度大于 75% 的硫酸称为浓硫酸。浓硫酸具有脱水性、强氧化性和稳定性；稀硫酸则不具有脱水性和强氧化性，但它是强酸，具有酸的化学性质。

发烟硫酸是 SO_3 和 H_2SO_4 的溶液，SO_3 与 H_2O 的摩尔比大于 1，也是无色油状液体，因其暴露于空气中，逸出的 SO_3 与空气中的水分结合形成白色烟雾，故称为发烟硫酸。

2. 硫酸的生产方法

硫酸最早于 8 世纪由阿拉伯人干馏绿矾（$FeSO_4 \cdot 7H_2O$）时得到，1740年英国人沃德在玻璃器皿中燃烧硫黄和硝石混合物，将产生的气体与水反应制得硫酸，即为硝化法制硫酸。后经英国人在铅室内生产出浓度 33.4% 的硫酸，即铅室法。20 世纪初，用塔代替铅室生产硫酸，即塔式法，硫酸浓度提高到75% 以上，硫酸的生产能力得到大幅度提高。

硝化法的反应式：

$$SO_2 + N_2O_3 + H_2O =\!=\!= H_2SO_4 + 2NO \tag{3-1}$$

$$2NO + O_2 =\!=\!= 2NO_2 \tag{3-2}$$

$$NO + NO_2 =\!=\!= N_2O_3 \tag{3-3}$$

1831 年英国人菲尔普斯提出接触法制硫酸，它是用铂作催化剂，将二氧化硫氧化为三氧化硫，用水吸收三氧化硫成硫酸。其反应式为：

$$SO_2 + 1/2O_2 \Longleftrightarrow SO_3 \tag{3-4}$$

接触法制硫酸的催化剂铂，其价格高且易中毒。1915 年德国 BASF 公司用价格便宜的钒催化剂替代铂催化剂，提高催化剂对一些毒物和有害物质的抵抗力，从而使得接触法得到迅速推广。接触法制得的硫酸浓度高、杂质含量低，无氮氧化物污染。该方法还可生产发烟硫酸，使得硫酸产品用途更加广泛。20 世纪 50 年代以来，接触法成为世界生产硫酸的主要方法。

3. 生产硫酸的原料

硫酸生产所采用的原料是能够产生二氧化硫的含硫物质，通常有硫黄、硫化物矿、含硫化氢的冶炼烟气、硫酸盐等。不同地域含硫资源不同，相对而言，从世界范围看，硫铁矿和硫黄资源较为丰富，故硫酸生产以硫铁矿和硫黄为主要原料。

硫铁矿是硫元素在地壳中存在的主要形态之一，是硫化铁矿物的总称，主要形态为黄铁矿（FeS_2），因纯度和含杂质不同，其颜色有灰色、褐绿色、浅黄色等。还有一种矿石近似黄铁矿，具有强磁性，称为磁黄铁矿或磁硫铁矿，

以 Fe_nS_{n+1} 表示（$5 \leqslant n \leqslant 16$）。

硫铁矿根据来源不同分为普通硫铁矿（也称原硫铁矿或块状硫铁矿）、浮选硫铁矿和含煤硫铁矿。

① 普通硫铁矿　是指直接或在开采硫化铜时取得的，除主要成分 FeS_2 以外，还含有铜、铅、锌、锰、钙、砷、镍、钴、硒和碲等杂质。

② 浮选硫铁矿　是指对共存的硫铁矿与有色金属硫化矿进行浮选分离，其中一部分为硫铁矿与废石混合物，称为尾砂。若尾砂中硫的质量分数为 30%~45%，一般该尾砂可直接作为制酸原料；否则对尾砂需要进行二次浮选，将废石分出，获得的精矿为硫精砂。

③ 含煤硫铁矿　是指采煤时一并采出的块状与煤共生矿，故也称黑矿。一般采出后需要分离或与其他原料配合使用。

二、硫酸生产工艺流程

接触法生产硫酸通常包括以下几个基本工序。

第一，炉气制取工序：将含硫原料通过焙烧制取二氧化硫气体，获得原料气。

第二，炉气净化工序：除去焙烧制得的粗二氧化硫气体中的杂质。

第三，转化工序：将二氧化硫转化为三氧化硫。

第四，吸收工序：将转化的三氧化硫气体用硫酸吸收，实现三氧化硫与水结合制得硫酸。

尽管生产硫酸的原料不同，但上述工序必不可少。原料不同，工业上具体实现生产过程还需其他的辅助工序。如硫铁矿进入焙烧前需要将其破碎并浮选，使得它达到工艺要求，浮选后的铁矿因含水分较多，为了防止贮存和运输过程中结块，进入焙烧炉前还要进行干燥。工厂所用矿石由于供应、品位、杂质成分不一，对多种矿石需要进行搭配，即配矿。

首先对硫铁矿进行预处理。将块状硫铁矿加工粉碎和筛分，浮选后获得硫精砂（平均粒径 0.054mm，20 目以上的硫精砂大于 55%），并对其进行干燥。若原料矿石的品种较多，进入下一工序前需要对原料进行掺配，满足入炉对矿石元素的要求（硫的质量分数大于 40%，砷或氟小于 0.15%）。

二氧化硫炉气的制取采用的是沸腾焙烧工艺。干燥砂从沸腾炉底部加入，与炉底进入的空气在炉内形成沸腾床焙烧。焙烧获得的炉气（二氧化硫体积分数为 11%～12.5%，三氧化硫体积分数为 0.12%～0.18%）从炉的上部进入废热锅炉，回收高温位的热能（产生 3.82MPa 的过热蒸汽），冷却后进入旋风除尘器和电除尘器除去固体微粒。

经除尘后的炉气进入湿法净化工序。炉气经冷却塔冷却后进入洗涤塔，用稀硫酸洗涤炉气，脱除炉气中的大部分杂质（砷和氟等），并用电除雾器除去夹带的酸雾，炉气中的水分在干燥塔内，用 93% 的硫酸脱除。电除雾器除下来的硫酸返回吸收塔循环使用。

干燥后的炉气进入转化工序。转化炉可分为四段，各段装有催化剂。在转化工序中，首先用二氧化硫鼓风机将干燥后的炉气送到第Ⅲ换热器与转化炉中的转化气换热达到催化剂活性温度，从转化炉顶部进入转化炉内，经四段催化剂床层将二氧化硫氧化为三氧化硫，各层催化剂间设置换热器（第Ⅱ换热器、第Ⅲ换热器、第Ⅳ换热器）使二氧化硫氧化反应在最佳温度下进行，同时它们也起到加热净化气的作用。

经三段转化（转化率达 93%）的转化气经换热进入吸收工序。在第一吸收塔中用浓硫酸吸收三氧化硫后，又经第四段转化（转化率达 99.5%）后进入第二吸收塔，用浓硫酸吸收其中的三氧化硫，得到浓硫酸（浓度为 98.5%）。经吸收塔吸收后的尾气进入尾气处理工序。焙烧工序产生的矿渣和净化工序分离下来的粉尘，经处理后送往钢铁厂作为炼铁原料进行综合利用。

1. 硫铁矿制二氧化硫炉气

（1）焙烧原理　硫铁矿的焙烧反应，条件不同，反应产物不同。其主要反应是二硫化铁与空气中氧气反应生成二氧化硫炉气。通常认为，焙烧反应可分两步进行，首先是硫铁矿在高温下受热分解为硫化亚铁和硫。

$$2FeS_2 \Longrightarrow 2FeS + S_2 \qquad \Delta H^{\ominus}_{298} = 295.68kJ/mol \qquad (3-5)$$

此反应在 400℃ 以上即可进行，当 500℃ 时，反应十分显著，反应速率随温度升高而加快。然后是分解产物硫蒸气的燃烧和硫化亚铁的氧化反应。

$$S_2 + 2O_2 \Longrightarrow 2SO_2 \qquad \Delta H^{\ominus}_{298} = 724.07kJ/mol \qquad (3-6)$$

该反应瞬间发生。当空气过量多时，硫化亚铁继续焙烧，生成固态三氧化二铁：

$$4FeS+7O_2 =\!=\!= 2Fe_2O_3+4SO_2 \qquad \Delta H_{298}^{\ominus}=-2453.30kJ/mol \qquad (3\text{-}7)$$

当空气过量少时，生成固态四氧化三铁：

$$3FeS+5O_2 =\!=\!= Fe_3O_4+3SO_2 \qquad \Delta H_{298}^{\ominus}=-1723.79kJ/mol \qquad (3\text{-}8)$$

因而，当空气过量大时，硫铁矿焙烧总反应为：

$$4FeS_2+11O_2 =\!=\!= 2Fe_2O_3+8SO_2 \qquad \Delta H_{298}^{\ominus}=-3310.08kJ/mol \qquad (3\text{-}9)$$

当空气过量少时，硫铁矿焙烧总反应为：

$$3FeS_2+8O_2 =\!=\!= Fe_3O_4+6SO_2 \qquad \Delta H_{298}^{\ominus}=-2366.28kJ/mol \qquad (3\text{-}10)$$

O、As_2O_3、HF、SeO_2等气态物质随炉气进入制酸工序。值得注意的是，硫铁矿焙烧反应是强放热反应，该放热量除供自身反应所需外，还要移走反应余热，进行废热回收。

(2) 焙烧工艺流程　焙烧工序的目的是以硫铁矿为原料高效地制造后续工序需要的二氧化硫炉气，并清理炉气的灰尘。所以，焙烧前需要对矿石原料进行预处理，矿石一般为块状，需要粉碎、磨细和筛分，达到粒度要求。然后，将不同品质的矿料混合搭配，并脱除矿石中的水分。制二氧化硫炉气，采用现代较为先进的技术——沸腾焙烧工艺。因焙烧反应放出大量的热量，炉气出口温度高于800℃，焙烧过程设置了废热锅炉，以回收其热量。焙烧得到的炉气中夹带大量矿尘，需要除尘以避免炉气中的尘粒堵塞管道和设备、流体阻力增加、传热效果下降。另外，除尘也是为了防止尘粒污染后续催化剂，影响转化效果。通常要求炉气中矿尘质量浓度在$0.2g/m^3$以下。除尘方法和设备视颗粒大小而定，可首先采用旋风除尘器除去大部分颗粒，然后使用除细小颗粒效率较高的电除尘器。整个沸腾焙烧工艺流程如图3-1所示。

来自原料库的硫铁矿由皮带输送机送至矿储斗，用皮带秤计量后，由加料器进入沸腾（焙烧）炉。空气由空气鼓风机送到沸腾炉，由底部进入，经气体分布板与矿料接触，控制并调节流速使矿料沸腾悬浮，确保气固能充分反应产生二氧化硫。800~900℃的炉气从沸腾炉顶部出口出去进入废热锅炉，经回收热量后降温到360℃左右，然后进入旋风除尘器除掉大部分矿尘，最后经电除尘器进一步除去细小的颗粒后进入净化工序。

沸腾炉焙烧产生的炉渣（沸腾炉底部、废热锅炉、旋风除尘器和电除尘器收集下来的）温度较高，为方便运输，用埋刮板输送机，经增湿冷却滚筒增湿

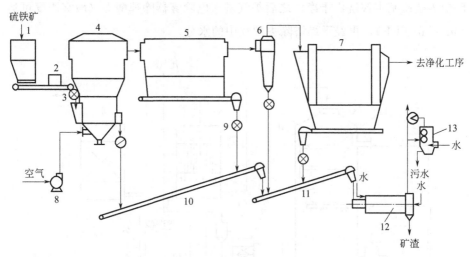

图 3-1　沸腾焙烧工艺流程

1—矿储斗；2—皮带秤；3—星形加料器；4—沸腾炉；5—废热锅炉；6—旋风除尘器；7—电除尘器；
8—空气鼓风机；9—星形排灰阀；10,11—埋刮板输送机；12—增湿冷却滚筒；13—蒸汽洗涤器

并降温到 80℃以下，送往堆场。若炉渣中铁的含量高于 56%，一般制成球团作为钢铁厂炼钢原料。

该工艺采用的沸腾焙烧工艺是流态化技术在硫酸工艺中的应用，该技术具有生产强度大、硫的烧出率高、传热系数高、二氧化硫炉气浓度高、适用原料范围广，以及焙烧炉设备结构简单，维修工作量小，易于机械化操作等特点。但是沸腾焙烧炉带出的炉尘量大（炉尘的量占总烧渣的 60%～70%），炉气净化工序负荷大，设备磨损严重，需要粉碎系统和高压鼓风机，动力消耗大。

2. 二氧化硫炉气净化工艺流程

（1）稀酸洗涤工艺流程　稀酸洗涤工艺流程如图 3-2 所示，它是由水洗流程改造而成。来自旋风除尘器和电除尘器的炉气温度大约 350℃，含尘浓度 200mg/m³ 以下，直接进入皮博迪洗涤塔的中部空间，与用循环酸泵打到塔中上部的酸液及从上部筛板流下来的酸液逆流接触，炉气被增湿降温，稀酸将大部分矿尘洗掉，此空间称为增湿洗涤段。炉气经增湿洗涤后，进入上部，穿过筛板孔眼，撞击孔眼上方的挡板，连续通过三层筛板，并与用循环酸泵输送到塔上部的低温酸液直接接触，被充分洗涤并降温，炉气温度降到 40℃以下，

矿尘等杂质基本被洗涤干净。之后炉气进入电除雾器除掉酸雾（酸雾浓度可达 $20mg/m^3$ 以下），再经干燥塔除去炉气中的水分。

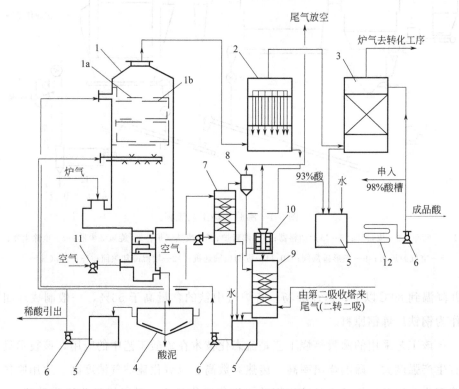

图 3-2 稀酸洗涤工艺流程

1—皮博迪洗涤塔；1a—挡板；1b—筛板；2—电除雾器；3—干燥塔；4—浓密机；

5—循环酸槽；6—循环酸泵；7—空冷塔；8—复挡除沫器；9—尾冷塔；

10—纤维除雾器；11—空气鼓风机；12—酸冷却器

浓度大约5%的稀酸分两条管路进入皮博迪洗涤塔内：一是冷却洗涤段的酸液，由塔上部溢流堰导入，顺次流过两块泡沫冲击筛板，再从第三块淋降冲击板的孔眼流入中部空间；二是增湿洗涤段的酸液，由塔中上部空间的喷嘴喷洒在塔的整个空间。由于高温炉气与低温酸液相遇，酸液中的水分蒸发使得炉气降温并增湿。而酸液流入到底部脱吸段，经下部进入的空气脱出二氧化硫后进入浓密机，分离出来的酸泥从浓密机排出，清酸液自浓密机的上侧流入循环酸槽。

循环酸槽的稀酸由泵送往两处：一是塔中部空间直接使用；二是空气冷却塔（简称空冷塔）。进入空气冷却塔的酸液，在装有聚丙烯斜交错波纹填料的塔内，与塔底鼓入的空气直接传热，液体蒸发，酸液温度从50℃降为35℃左右，再经尾冷塔与硫酸吸收塔的尾气进行换热，进一步冷却到大约30℃，然后进入循环酸槽，循环使用。

该工艺的突出特点为：①可处理含尘量大的炉气，且除尘效率较高；②皮博迪洗涤塔是冷却、洗涤和脱吸三合一塔，故设备结构紧凑，耗材少，占地面积小，同时系统阻力也小；③稀酸温度高，二氧化硫脱吸效率高，对杂质适应性强，降温增湿效率高；④副产稀酸量少，便于综合处理和利用；⑤皮博迪洗涤塔制造安装要求高，维修难度大。

（2）绝热增湿酸洗工艺流程 目前净化炉气的绝热增湿酸洗工艺在国内应用较广，其典型工艺流程如图3-3所示。

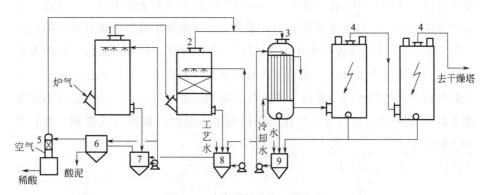

图 3-3 绝热增湿酸洗工艺流程

1—冷却塔；2—洗涤塔；3—间接冷凝器；4—电除雾器；5—SO_2脱吸塔；

6—沉降槽；7—冷却塔循环槽；8—洗涤塔循环槽；9—间接冷凝器酸贮槽

除尘后的炉气，温度在300~320℃之间，进入冷却塔（空塔结构）底部与塔顶喷淋下来的10%~20%的稀酸逆流接触冷却洗涤。稀酸中部分水分吸收炉气热量汽化为水蒸气进入炉气，炉气温度下降，湿度增加，炉气显热转变为潜热，构成绝热冷却过程。炉气在增湿冷却过程中，因炉气中三氧化硫与水蒸气结合成硫酸蒸气，随温度下降，大部分形成酸雾。炉气中大部分的矿尘、三氧化硫、氟化氢、三氧化二砷、二氧化硒等杂质被酸液洗涤吸收，少部分杂质随炉气带出。炉气中三氧化二砷等部分杂质溶解在酸液中，大部分冷凝成固体微粒成为酸雾的凝聚核心。

炉气经冷却塔冷却到 70～80℃后进入洗涤塔（填料塔），用浓度为 5% 左右的稀酸逆流洗涤炉气中的杂质，气体中残余的矿尘、砷、氟和硒等杂质溶解于酸液中，炉气被进一步冷却。由于该塔采用浓度更低的稀酸，炉气水分更高，气体中的水蒸气在酸雾颗粒表面冷凝，使得粒径增大，酸含量降低，洗涤效率提高。

离开洗涤塔的炉气进入间接冷凝器，被冷却水冷却到 40℃以下，水蒸气在器壁和酸雾表面被冷凝，酸雾颗粒粒径增大。接着炉气进入两级串联的电除雾器，酸雾大部分被捕集，酸雾浓度降到≤5mg/m³（标准状态）。残余极微量矿尘等杂质的炉气送往干燥塔。

（3）动力波净化工艺流程　动力波净化典型工艺流程——动力波三级洗涤器净化流程如图 3-4 所示。温度为 300～320℃的炉气自上而下进入一级动力波逆喷管中，与洗涤液相撞击，动量达到平衡并生成气液混合物，形成稳定的"驻波"。驻波浮在气流中，像一团飘着的泡沫，泡沫占据的空间称为泡沫区，且泡沫区为湍动区。湍动区内液体表面不断更新，炉气通过该区域，发生颗粒捕集、气体吸收、急冷、水蒸气饱和和增湿过程。炉气经一级动力波温度下降到 60～70℃后，进入气体冷却塔与更低浓度的稀酸逆流接触，溶解及

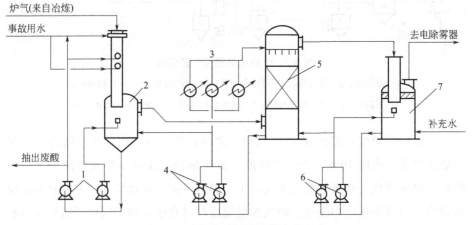

图 3-4　动力波三级洗涤器净化流程

1,6—一级和二级动力波洗涤器泵；2,7—一级和二级动力波洗涤器；

3—板式冷却器；4—气体冷却塔泵；5—气体冷却塔

除去矿尘、砷、硒和氟等杂质，并降温和增湿。炉气离开气体冷却塔的温度达到40℃左右，进入二级动力波洗涤器，进一步除杂、降温和增湿，酸雾颗粒增大后，去电除雾器和干燥器。

动力波净化工艺效率高的主要原因是采用了动力波洗涤器，该设备的优势为：①没有雾化喷头及活动部件，喷头不易堵塞，适用于含尘量高的工况，运行稳定可靠，维修费用少；②动力波洗涤器净化装置集成了降温、除尘和除雾等功能，且效率高于传统的净化系统，减少了电除尘负荷；③系统阻力小，操作弹性大，尤其适用于炉气量波动大的情况。

（4）干燥工艺流程　炉气干燥工艺流程如图3-5所示。经过净化的湿炉气从干燥塔底部进入与塔顶喷淋的浓硫酸逆流接触，炉气中的水分被硫酸吸收，然后经捕沫器除去气相夹带的酸沫，进到转化工序。吸收水分的干燥酸，温度升高，由干燥塔塔底进入酸冷却器，温度降低后流入干燥酸贮槽，再由泵送到塔顶喷淋。为了维持酸的浓度，必须将吸收工段的98%硫酸加入干燥酸贮槽中混合而贮槽中多余的酸送回到吸收塔酸循环槽中，或将干燥塔出口92.5%～93%的硫酸直接作为产品送往酸库。

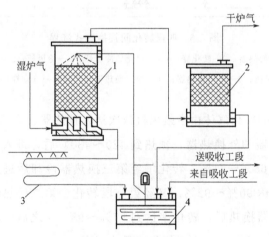

图 3-5　炉气干燥工艺流程

1—干燥塔；2—捕沫器；3—酸冷却器；4—干燥酸贮槽

3. 二氧化硫制三氧化硫工艺流程

硫酸生产的转化工艺流程发展经历了很大变化。由"一转一吸"工艺发展为"二转二吸"，段间换热有间接换热式和冷激式，而冷激式又可分为原料冷激和空气冷激两种。另外，针对转化器也有人研究沸腾转化工艺、加压法转化工艺和非稳态法转化工艺等。在我国应用较为成熟的工艺是"一转一吸"和"二转二吸"，一次转化流程中应用较多的有四段转化中间间接换热式流程、五段转化炉气冷激式流程和四段转化空气冷激式流程。

（1）一次转化-间接换热式工艺流程　间接换热式是将转化的热气与未反应的冷气间接式换热，换热器放在转化器内的称为内部间接换热式，放在转化器外的为外部间接换热式。图 3-6 所示为四段转化间接换热式流程。

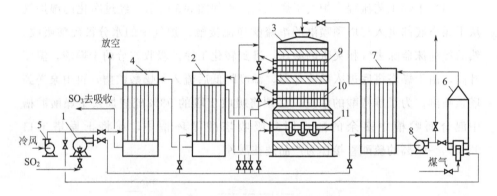

图 3-6　四段转化间接换热式流程

1—主鼓风机；2—外换热器；3—转化器；4—三氧化硫冷却器；5—冷风机；6—加热炉；7—预热器；
8—热风机；9—第三换热器；10—第二换热器；11—第一（盘管）换热器

从干燥塔来的净化气体由主鼓风机依次送入预热器、第三换热器、第二换热器、第一换热器和外换热器，预热到 420～430℃后，进入第一段催化床层反应，转化率达 68%～71%，转化气经第三换热器冷却后进入第二段催化床层反应，转化率达 90%～92%，又经第三段转化、第二换热器换热、第四段转化和第一换热器换热后，转化率达到 97%～98%。之后，转化气经外换热器和三氧化硫冷却器冷却后去三氧化硫吸收工序。

该流程采用内换热式转化器，结构紧凑，系统阻力小，热损失小。但转化器体积庞大，结构复杂，维修不方便，换热器里的气速低，传热系数小，换热面积大。

（2）一次转化-炉气冷激式工艺流程　五段转化炉气冷激式工艺流程见

图 3-7。大部分炉气（约 85%）经冷热交换器、中热交换器和热热交换器加热到 430℃后进入转化器，其余炉气从第一和第二段间进入，与第一段的反应气汇合，使转化气温度从 600℃左右降到 490℃左右，以混合气为基准的 SO_2 转化率从第一段反应的 65%～75%降到 50%～55%。为获得较高的最终转化率，炉气冷激只用于第一与第二段间，第四与第五段间采用两排列管置于转化器内的换热，其他用外部换热方式换热。

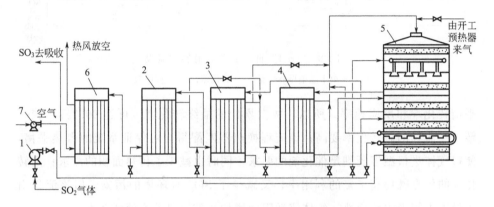

图 3-7　五段转化炉气冷激式工艺流程

1—主鼓风机；2—冷热交换器；3—中热交换器；4—热热交换器；
5—转化器；6—三氧化硫冷却器；7—冷风机

此流程省去了第一、第二段的换热器，简化了转化器的结构，维修方便。

（3）一次转化-空气冷激式工艺流程　SO_2 含量下降，气量增大，故空气冷激式流程主要用于硫黄制酸和 SO_2 含量高的硫铁矿制酸系统。对于硫铁矿制酸，混合气体温度太低，需要预热，所以常常采用部分空气冷激转化器。

（4）二转二吸工艺流程　二转二吸工艺流程按两次转化的段数，流程用"$X+Y$"表示，X 通常是 2、3，Y 是 1 和 2，若再考虑 SO_2 气体通过换热器的次序，二转二吸流程有十多种。最典型和应用较为广泛的是"3+1"Ⅲ、Ⅰ-Ⅳ、Ⅱ转化流程，如图 3-8 所示。

炉气依次经过第Ⅲ换热器和第Ⅰ换热器后送往转化器一次转化，经中间吸收塔吸收，气体再经过第Ⅳ和第Ⅱ换热器换热后送往转化器进行第二次转化，二次转化气经第Ⅳ换热器冷却后去第二吸收塔吸收。

进入吸收塔内，将三氧化硫从系统移去，氧浓度提高，提高了二次转化的

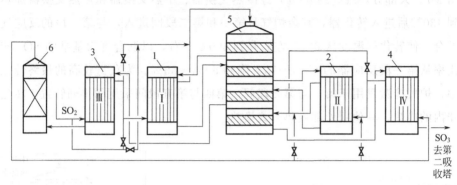

图 3-8 "3+1" Ⅲ、Ⅰ-Ⅳ、Ⅱ转化流程

1~4—第Ⅰ至第Ⅳ换热器；5—转化器；6—中间吸收塔

平衡转化率和反应速率。所以，两次累计的最终转化率（可达99.7%）较一转一吸流程的总转化率要高；该流程换热器匹配得当可保证系统的自热平衡，使得气体进口温度既满足催化剂的要求，同时也减少了传热面积的需求；高转化率的优点既提高了硫的利用率，又减少了 SO_2 对环境的污染。但该流程由于设置中间吸收和换热，气体流动阻力增加，鼓风机动力消耗较大。

4. 三氧化硫吸收工艺流程

尽管干燥和吸收两个系统不是连贯的，但是由于两个系统均采用硫酸作为吸收剂，需要相互调节酸的浓度，所以常把干燥和吸收两个系统归为干吸工序。干吸工序流程根据转化工序和产品酸品种不同而异。典型的工艺流程包括一转一吸、二转二吸流程。

（1）一转一吸干吸工艺流程　一转一吸流程的产品有98%硫酸、92.5%硫酸和发烟硫酸。在一转一吸流程中设置1台干燥填料塔和1台吸收填料塔及各自的循环酸系统，若生产 $105\%H_2SO_4$ 的发烟硫酸（标准发烟硫酸）可加设发烟硫酸吸收塔，其流程见图3-9。来自转化工序的转化气分为两部分，一部分进入发烟硫酸吸收塔，经发烟硫酸吸收后，与另一部分转化气混合，进入以 $98\%H_2SO_4$ 为吸收酸的吸收塔，吸收后的气体导入尾气脱硫或去尾气烟囱放空。

$105\%H_2SO_4$ 的发烟硫酸从发烟硫酸吸收塔顶部均匀分布并喷淋下来，与塔底进入的转化气逆流接触进行吸收，然后从塔底排出，进入循环槽与98%

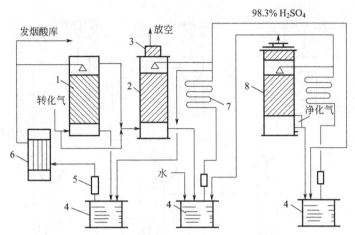

图 3-9　生产发烟硫酸时的干燥吸收工艺流程

1—发烟硫酸吸收塔；2—浓硫酸吸收塔；3—捕沫器；

4—循环槽；5—泵；6,7—酸冷却器；8—干燥塔

H_2SO_4 的硫酸混合，控制循环酸浓度在 104.6%～105.0% 范围，从循环槽引出的热酸用泵送往酸冷却器冷却，大部分冷却的酸循环使用，少部分作为产品送往发烟酸库或串入硫酸混酸罐。

98% H_2SO_4 的吸收酸在浓硫酸吸收塔吸收三氧化硫后，浓度和温度都上升，出塔后进入循环槽与干燥塔出来的 93% H_2SO_4 混合，控制浓度在 98.1%～98.5% 之间，需要时加入水进行调节。循环槽出来的热酸用泵送往酸冷却器冷却，其中大部分循环使用，少部分分别串入 105% H_2SO_4 和 93% H_2SO_4 的硫酸混酸罐，也可引出少量作为产品输出。

（2）二转二吸干吸工艺流程　"二转二吸"工艺中，设置 2 个 98% H_2SO_4 的硫酸吸收塔并各自使用一个酸液循环系统，其流程如图 3-10 所示。如果需要生产标准发烟硫酸，通常在第一个吸收塔前有发烟硫酸吸收塔，其他基本同"一转一吸"工艺流程。

（3）酸液循环流程　酸液循环系统主要涉及吸收塔、循环槽、泵和酸冷却器 4 个设备，它们可以组成以下 3 种不同连接方式，如图 3-11 所示。

流程（a）的特点为：酸冷却器在泵后，酸流速大，传热系数大，所需换热面积小；塔高度低，设备费减少；冷却管内酸压力大，流速大，温度高，换热管的腐蚀较严重；酸泵输送的是高温高浓度的硫酸，故泵的腐蚀也严重。

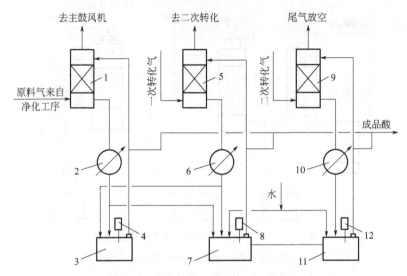

图 3-10　冷却后、泵前串酸干吸工序流程

1—干燥塔；2,6,10—酸冷却器；3—干燥用酸循环槽；4,8,12—
浓酸泵；5—中间吸收塔；7,11—吸收用酸循环槽；9—最终吸收塔

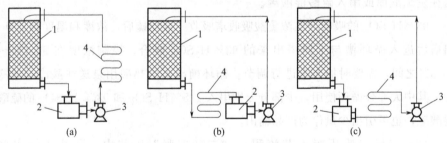

图 3-11　塔、槽、泵、酸冷却器的连接方式

1—塔；2—循环槽；3—泵；4—酸冷却器

　　流程（b）的特点为：酸冷却管内硫酸流速小，传热系数小，所需传热面积大，换热设备费高；塔出口到循环槽的液位差小，酸液容易流动不畅，易发生事故；与流程（a）相比，冷却管内酸的压力和流速都小，故换热管的腐蚀相对较小。

　　流程（c）的特点为：酸的流速介于流程（a）和（b）之间；该流程的泵只能用卧式泵，不能用立式泵。

第二节　硝酸及其生产工艺

硝酸是重要的化工工业产品之一，在各种酸类中，它的生产规模仅次于硫酸。硝酸和硝酸盐在国民经济中具有重要的意义。

一、概述

1. 硝酸的用途和主要性质

硝酸主要用于农业、国防工业和染料制造业等，如硝酸与氨制得的硝酸铵是一种良好的氮肥，硝酸铵还可用于生产无烟火药和混合炸药，浓硝酸与有机物反应制得各种有机染料中间体。此外，硝酸还用于医药、照相材料、塑料等重要方面。纯硝酸为无色液体，具有窒息性和刺激性，它可以以任意比例溶解于水，并放出大量的热，它在常温下分解释放出二氧化氮、氢气和水。硝酸是氧化性很强的强酸，与盐酸体积比 1∶3 混合的"王水"能溶解金和铂。工业硝酸分为浓硝酸（96%～98%）和稀硝酸（45%～70%）。

2. 硝酸生产方法和原料

工业制造硝酸经历了一系列方法，最早是用浓硫酸分解钠硝石（$NaNO_3$），该方法不但原料来源受到限制，同时还消耗了大量的硫酸。后来工业实现了在电弧的作用下用氮和氧直接合成一氧化氮，然后进一步制造硝酸，但该方法能耗太大。现代工业几乎全部用氨接触氧化法得到氮氧化物，然后制得硝酸。其生产过程用下列反应方程式表示：

$$4NH_3+5O_2 = 4NO+6H_2O \qquad (3-11)$$

$$2NO+O_2 = 2NO_2 \qquad (3-12)$$

$$3NO_2+H_2O = 2HNO_3+NO \qquad (3-13)$$

氨接触氧化法生成硝酸的总反应方程式：

$$NH_3+2O_2 = HNO_3+H_2O \qquad (3-14)$$

氨接触氧化法制得的是稀硝酸。浓硝酸工业生产通常有间接法和直接法。间接法是借助脱水剂（浓硫酸或浓硝酸镁），通过精馏操作，将稀硝酸处理得到浓硝酸。直接法是将液态的氮氧化物与一定比例的水混合，然后在加压的条件下通入氧制得浓硝酸。其反应方程式为：

$$2N_2O_4(液)+O_2(气)+2H_2O(液)=\!=\!=4HNO_3 \tag{3-15}$$

3. 稀硝酸生产工艺流程

硝酸生产工艺流程有十几种，按操作压力分为三类，常压法、加压法和综合法。

（1）常压法　常压法是指氨氧化和酸吸收过程均在常压下进行，我国早期稀硝酸生产多为常压法。该种流程因在较低压力下进行氨氧化，所以，氨氧化率高，催化剂铂损耗较低，设备结构简单。因吸收在常压下进行，酸的浓度较低，为提高酸的浓度常采用多个吸收塔串联，故吸收容积大，投资高，成品酸的浓度也不高，尾气中氮氧化物的含量较高，环境污染较为严重，后续需要进一步处理。

（2）加压法　该方法流程中氨氧化和酸吸收过程均在加压下进行，吸收的压力分为中压吸收（0.2～0.5MPa）和高压吸收（0.7～1.0MPa 或更高），由于酸吸收在加压下进行，所以氮氧化物的吸收率较高，吸收塔容积小，成品酸的浓度较高，尾气排放的氮氧化物浓度较低，能量回收率高。但是该流程与常压法相比，氨氧化率较低，且铂的损耗较大。该方法适用于氨价格便宜的情况。

（3）综合法　综合法又称双压法，氨氧化和酸吸收过程分别在不同的压力下进行。综合法有两种工艺流程：一种是常压氨氧化-加压酸吸收流程；另一种是中压氨氧化-高压酸吸收流程。前者流程因常压氨氧化，氨和铂的损耗都较低；因高压吸收，吸收塔体积小，不锈钢用量少、投资少。后者流程因吸收压力较高，成品酸的浓度高，一般可达 60%，尾气氮氧化物浓度低于200mg/kg。

二、氨接触氧化法制硝酸

1. 氨催化氧化反应工艺流程

氨催化氧化无论是常压还是加压，其氧化过程基本包括气体净化、配制混合气体、催化反应和热量回收。工艺流程以常压为例，见图 3-12。

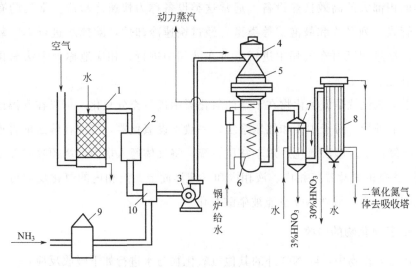

图 3-12　常压下氨的接触氧化工艺流程

1—水洗涤塔；2—杂质过滤器；3—鼓风机；4—纸板过滤器；5—氧化炉；6—废热锅炉；

7—快速冷却器；8—普通冷却器；9—氨过滤器；10—氨-空气混合器

空气由水洗涤塔底部进入，与塔顶喷淋下来的水逆流接触，除去空气中可溶气体等杂质，然后经过气液分离器进入杂质过滤器除去尘埃、铁锈和油污，净化后送入氨-空气混合器，与经氨过滤器过滤除掉油污和杂质后的氨气在混合器中混合，由鼓风机送入纸板过滤器进一步精细过滤。过滤后的混合气体进入氧化炉，通过 800℃左右的铂网，将氨氧化为 NO 气体，并在此产生动力蒸汽。高温反应后的气体进入废热锅炉冷却到 180℃左右，然后进到快速冷却器冷却到 40℃，在这里大量水蒸气冷凝，同时有少量 NO 被氧化为 NO_2，然后溶入水中，形成 2%～3% 的稀酸排入循环槽以备利用。

2. 一氧化氮氧化工艺流程

氨氧化并经废热锅炉热量回收后，氮氧化物温度降到了 200℃左右，因 NO 氧化过程需要在加压和更低的温度下进行，所以 NO 氧化前需要进一步降低温度。但是气体中的水蒸气达到露点温度便开始冷凝为水，少量 NO_2 溶解在水中，形成稀硝酸，气相中氮氧化物含量降低，不利于后续吸收工序。为此，需要快速将气体冷却，减少冷却过程中 NO 氧化为 NO_2 的机会，即可减少氮氧化物溶解在水中。而实现这一目标的过程和设备是传热系数和传热面积都大的高效换热设备，通常这类设备称为快速冷却器。常见的有淋洒排管式、列管式和鼓泡式等类型。经过快速冷却后，除掉水进行 NO 氧化过程。该过程既可在气相中进行也可在液相中进行，相应地称为干法氧化和湿法氧化。

干法氧化就是氮氧化物在干燥的氧化器中进行充分氧化，可以在常温或冷却条件下进行。对于中压和加压系统，一般不设氧化器，气体在输送的管道中便足够氧化了。湿法氧化适用于常压系统，将气体通入塔内，塔顶喷淋较浓的硝酸，NO 的氧化在气相内、液相内和气液界面上，液相内的氧化反应可大大加速 NO 氧化，另外 NO 也能被硝酸氧化。

3. 氮氧化物的吸收

在氮氧化物中，除 NO 外的其他氮氧化物与水进行如下吸收反应：

$$2NO_2 + H_2O \Longrightarrow HNO_3 + HNO_2 \qquad \Delta H^{\ominus}_{298} = -116.1 kJ/mol \qquad (3-16)$$

$$N_2O_4 + H_2O \Longrightarrow HNO_3 + HNO_2 \qquad \Delta H^{\ominus}_{298} = -59.2 kJ/mol \qquad (3-17)$$

$$N_2O_3 + H_2O \Longrightarrow 2HNO_2 \qquad \Delta H^{\ominus}_{298} = -55.7 kJ/mol \qquad (3-18)$$

因氮氧化物中 N_2O_3 的量很少，所以式（3-18）的吸收反应可忽略不计。又因亚硝酸在 0℃ 以下和极低浓度下才稳定，故在工业生产条件下，HNO_2 迅速分解为硝酸和 NO，反应如下式：

$$3HNO_2 \Longrightarrow HNO_3 + 2NO + H_2O \qquad \Delta H^{\ominus}_{298} = 75.9 kJ/mol \qquad (3-19)$$

所以，用水吸收氮氧化物的总反应式为：

$$3NO_2 + H_2O \Longrightarrow 2HNO_3 + NO \qquad \Delta H^{\ominus}_{298} = -136.2 kJ/mol \qquad (3-20)$$

由式(3-20) 可知，1mol NO_2 中，有 2/3mol NO_2 生成 HNO_3，有 1/3mol 的 NO_2 变成 NO，欲使其变成硝酸，必须继续氧化为 NO_2，然后吸收，又有 1/3mol 的 NO 放出。如此循环反复，最终使得 1mol 的 NO 完全转化为 HNO_3，整个过程中需要氧化 NO 的量不是 1mol，而是 $1 + 1/3 + (1/3)^2 + (1/3)^3 + \cdots = 1.5mol$。由此可见，用水吸收氮氧化物的过程是 NO_2 吸收和 NO 氧化同时进行的过程，故氮氧化物吸收过程很复杂，吸收平衡和吸收速率等影响因素较多。

第三节 烧碱及其生产工艺

烧碱即氢氧化钠，又称苛性钠。它广泛应用于化工、轻工、纺织、印染、造纸、医药、石油化工和冶金等工业部门。

一、概述

1. 烧碱简介

无水氢氧化钠为白色半透明羽状结晶体，易溶于水，且溶解时放出大量的热，其水溶液呈强碱性，有强烈的腐蚀性，吸湿性极强，易吸收空气中的二氧化碳变为碳酸钠。工业烧碱产品有固体和液体两种。而固体碱又有块状、片状、粒状，液体碱规格有 30%、40% 和 50% 三种。纯固体碱密度为 $2.13g/cm^3$，熔点为 138.4℃。

烧碱的生产方法有化学法（苛化法）和电解法两种。化学法使用纯碱水溶液与石灰乳进行苛化反应生成烧碱；电解法是以食盐水为原料，通过电解得到烧碱，同时副产氯气和氢气，故常常称电解法生产烧碱为氯碱工业。

电解法制烧碱工艺经历了一系列重大技术改革，呈现出许多先进技术，如金属阳极、改性隔膜、扩张阳极和离子膜技术等，其中离子膜技术对烧碱工艺影响较大。目前世界生产烧碱技术主要有离子膜法和隔膜法。

2. 电解法制烧碱基础知识

电解是将电能转化为化学能的过程，当电流通过电解质水溶液或熔融电解质时，溶液中的阴离子产生定向移动，向阳极迁移，阳离子产生定向移动向阴极迁移。阴阳离子分别在阳极和阴极上放电，进行氧化还原反应，也就是借助电流进行化学反应，该反应称为电化学反应。如电解食盐水的化学反应为：

$$2NaCl + 2H_2O \longrightarrow H_2\uparrow + Cl_2\uparrow + 2NaOH \tag{3-21}$$

（1）法拉第定律 法拉第定律是电解过程的基本定律，它包括第一定律和第二定律。

法拉第第一定律的内容为电解过程中，电极上所产生的物质的质量与通过电解质溶液的电量成正比，即与通过的电流强度和通电时间成正比。其表达式为：

$$G = KQ \text{ 或 } G = KIt \tag{3-22}$$

式中，G 为电极上析出物质的质量，g 或 kg；K 为电化当量，g/(A·s) 或 kg/(A·s)；Q 为电量，A·s；I 为电流强度，A；t 为时间，s。

法拉第第二定律的内容是相同电量通过不同的电解质时，电极上析出物质的质量与其化学当量（化学当量是指该物质的摩尔质量 M 跟它的化合价的比值）成比例，即通过 1 法拉第电量（F）可在电极上析出 1 电量电解质，$1F=96500C$（库仑）。

$$1F = 96500C = 96500A \cdot s = 26.8A \cdot h$$

（2）理论分解电压和槽电压　食盐水电解生产烧碱是一个电能消耗很大的过程，电耗与电解槽的电压和通电电流有关。为实现电解过程，并保证指定物质在电极上析出，在电解设备，即电解槽的两极要施加一定的外加电压，该电压为槽电压或分解电压。槽电压与电解槽的结构、膜材料、两极间距、电极结构等有关，还与电解时的运行条件有关，包括操作温度、压力、电解液浓度和电流密度等。槽电压 $U_槽$ 应满足理论分解电压 $U_理$、气体在电极上的超电压 $U_过$、电流通过电解液和膜时的电压降 $\Delta U_液$、电流通过电极和接触点时的电压降 $\Delta U_降$，即：

$$U_槽 = U_理 + U_过 + \Delta U_液 + \Delta U_降 \tag{3-23}$$

① 理论分解电压 $U_理$　是指使电解质在电极上开始发生电解反应所需外加的最低电压，其数值大小等于电极析出的电解产物所形成原电池的电极电位（电动势），二者大小相等，方向相反。$U_理$ 可以根据能斯特方程计算电极电位，然后据此计算阴阳两极理论分解电压。能斯特方程式如下：

$$E = E^\ominus - \frac{RT}{nF} \ln \frac{a_{氧化态}}{a_{还原态}} \tag{3-24}$$

式中，$E^\ominus$ 为标准电极电位，V；T 为热力学温度，K；n 为电极反应的电子得失数；R 为 8.314J/(K·mol)；F 为法拉第常数（$F=96500C/mol$）；$a_{氧化态}$、$a_{还原态}$ 为电极反应中，相对氧化态物质和还原态物质的活度。$U_理$ 也可按吉布斯-亥姆霍兹方程式计算：

$$U_{理} = \frac{-\Delta H}{nF} + T\frac{\mathrm{d}E}{\mathrm{d}T} \tag{3-25}$$

式中，$\dfrac{\mathrm{d}E}{\mathrm{d}T}$ 为电动势温度系数，约等于 $-0.0004\mathrm{V/K}$；T 为热力学温度，K；ΔH 为反应热效应，J/mol；n 为电极反应的电子得失数；F 为法拉第常数（$F = 96500\mathrm{C/mol}$）。

② 超电压 $U_{过}$　超电压 $U_{过}$ 是指在实际电解过程中，离子在电极上的实际放电电压比理论放电电压高的差值。超电压的影响因素很多，如电极材料、电极表面状态、电流密度、电解液的温度、电解时间、电解质的性质和浓度、电解质中的杂质等。一般金属离子在电极上放电的超电压不大，但电极上有气体放出时，超电压却相当大。超电压在不同条件下的数值可查阅相关文献。尽管超电压消耗一小部分电能，但可以选择适当的电解条件，造成一定的超电压，利用超电压使得电解过程按所需进行。

③ 电流通过电解液和膜的电压降 $\Delta U_{液}$（电压损失）　$\Delta U_{液}$（电压损失）是由于溶液和膜本身的电阻所造成的部分电压降或电压损失。其数值采用欧姆定律计算，即电压降与电流密度和电流所通过的距离（阴极和阳极的平均距离）成正比，与溶液的电导率成反比。所以，电解槽的两个电极距离向着越来越近趋势发展，离子膜电极一体化新技术的极距几乎为零。另外，提高电解质溶液的浓度和温度，即提高了溶液的电导率，则电压降降低，故工业一般将氯化钠制成饱和溶液，温度控制在 $80 \sim 90℃$。

④ 电流通过电极和接触点时的电压降 $\Delta U_{降}$（电路电压降）　该电压降包括导电系统的电压降、隔膜电压降和接触电压降。

（3）电压效率和电能效率　在槽电压中，理论分解电压所占比重最大，工业生产将理论分解电压与槽电压的比称为电压效率，即：

$$\text{电压效率} = U_{理}/U_{槽} \times 100\% \tag{3-26}$$

一般电压效率在 $45\% \sim 60\%$，为提高电压效率，通常采用多种方法降低槽电压。

电流效率是衡量电流利用程度的量，定义为实际产量与理论产量的比值。即：

$$\eta = \frac{m}{KIt} \times 100\% \tag{3-27}$$

式中，m 为实际产量，g。

因部分电流消耗在电极上发生副反应或漏电等问题，导致实际产量低于理论产量。

电能效率是理论消耗的电能与实际消耗的电能的比值，即：

$$\frac{W_{理}}{W} \times 100\% = \frac{I_{理} U_{理}}{IU} \times 100\% = 电流效率 \times 电压效率 \times 100\% \quad (3\text{-}28)$$

所以，提高电能效率，可依靠提高电流效率和电压效率来实现。

（4）电极主反应和副反应　食盐水中，氯化钠和少量的水电离，溶液中存在 Na^+、H^+、Cl^-、OH^- 四种离子。若电解槽的阳极采用石墨或金属涂层电极，阴极为铁，当阳极和阴极与外加直流电源相连，并通入直流电时，Na^+ 和 H^+ 向阴极迁移，在阴极区域聚积，而 Cl^- 和 OH^- 向阳极迁移，在阳极区域聚积。由于 H^+ 的电位低于 Na^+ 的，故在铁阴极的表面上，首先放电还原为氢分子，并从阴极析出。在阴极上进行的主要电极反应为：

$$2H^+ + 2e \longrightarrow H_2 \uparrow$$

大量的 Cl^- 和微量的 OH^-，哪一个在阳极上放电取决于它们的实际电位，在阳极上，Cl^- 的电位低于 OH^- 的，在阳极上进行的主要电极反应为：

$$2Cl^- - 2e^- \longrightarrow Cl_2 \uparrow$$

水是弱电解质，由于在阴极上逸出氢气，水的电离平衡遭到破坏，故在阴极区域有 OH^- 聚积，与 Na^+ 形成 NaOH，且随电解的进行，NaOH 浓度逐渐增大。

电解食盐水总的反应为：

$$2NaCl + 2H_2O \longrightarrow Cl_2 \uparrow + H_2 \uparrow + 2NaOH$$

必须指出，在阴阳极上发生上述主要电化学反应外，还有一些副反应发生。例如，由于阳极产物 Cl_2 溶解于水，还可生成次氯酸和盐酸，而生成的次氯酸在酸性条件下又变成氯酸钠；另外，由于次氯酸根在阳极聚积达到一定量，其电位可能也会低于 Cl^-，次氯酸根放电生产氧气；阳极溶液中的氯酸钠依靠扩散由阳极通过隔膜进入阴极，被阴极产生的氢还原为氯化钠等。这些副反应不但降低了产品氯气和烧碱的纯度，降低了产品的产量，还浪费了大量电能。所以，必须采取各种措施防止和减少副反应的发生。

二、隔膜法电解技术

1. 隔膜电解槽的结构及制烧碱的原理

目前隔膜法制烧碱多采用立式隔膜电解槽，图 3-13 所示为立式隔膜电解槽示意图。

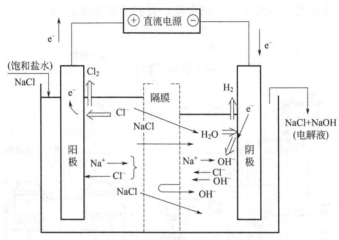

图 3-13　立式隔膜电解槽示意图

隔膜将电解槽分成阴极区和阳极区，一般采用涂膜钛基为阳极，以铁或低碳钢为阴极，电解槽中的阳极和阴极与直流电源相连形成回路。如前所述，阴极上析出氢气，阴极上因选择金属阳极材料，使得氧的过电位较高，故氯的实际放电电位较低，在阳极放电生成氯气。电解槽中可能发生一些副反应，两极析出的氢气和氯气不及时分开，两者混合可能发生爆炸。所以，阳极和阴极间设置一个多孔隔膜，将电解槽分成阴极室和阳极室。该多孔隔膜允许各种离子和水通过，但能阻止阴阳极析出产物的混合。饱和食盐水从阳极室进入，且使得阳极室液面高于阴极室液面，阳极液通过隔膜向阴极室流动，避免阴极室的 OH^- 向阳极扩散，发生较多的副反应。随着电解过程的进行，氯气和氢气析出，在阴极室过剩的 OH^- 与阳极溶液中的钠离子形成 $NaOH$。

2. 隔膜法电解食盐水的工艺流程

隔膜法电解食盐水的工艺流程如图 3-14 所示。首先用水溶解食盐成粗食盐水，用纯碱和氯化钡等精制剂除去其中的杂质，得到精制食盐水，送往电解工段使用。电解的电源由交流电经整流变为直流电输送到电解槽使用。精制后的食盐水经盐水氢气热交换器升温，进入盐水高位槽，槽内液面维持恒定，利用高位槽的液位压差，使得食盐水稳定流经盐水预热器，并加热到70～80℃，由盐水总管连续均匀地分流到各个电解槽进行电解。NaOH为10%～11%的电解碱液从电解槽下部流出，经电解液总管汇集到电解液贮槽，经泵送往蒸发工序提高碱液浓度，并从中分离出食盐，得到合格碱液产品。

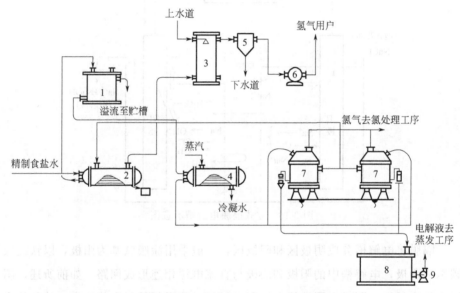

图 3-14 隔膜法电解食盐水工艺流程示意图

1—盐水高位槽；2—盐水氢气热交换器；3—洗氢桶；4—盐水预热器；5—气液分离器；

6—罗茨鼓风机；7—电解槽；8—电解液贮槽；9—碱泵

三、离子膜法电解技术

碱离子交换膜（离子膜）法电解制烧碱技术于20世纪50年代开始研究，1966年美国杜邦公司首先开发出性能稳定、电能效率高的离子交换膜，1975年日本旭化成公司第一个建成离子膜氯碱厂。目前，该技术因产品质量高、电能效率高、工艺简单、生产能力大等优势，被公认为氯碱工业发展的方向。

1. 离子膜法电解制烧碱的原理

离子膜法电解制烧碱的原理如图 3-15 所示。离子膜法电解槽中，用一个具有选择性的阳离子交换膜将阳极室和阴极室隔开，替代了传统隔膜法中的石棉作隔膜，该阳离子膜的液体透过性很小，膜的两侧有电位差，只有阳离子伴有少量水透过离子膜，即允许阳离子 Na^+ 透过膜进入阴极室，阴离子 Cl^- 不能透过。所以，在阳极产生氯气的同时，有 Na^+ 透过膜流向阴极室，而在阴极产生氢气的同时，氢氧根离子受到阳离子交换膜的排斥不易流向阳极室，故在阴极室产生浓度较隔膜法高得多的氢氧化钠，阴极室外部加入适量纯水调节其浓度。由于电解过程氯化钠不断被消耗，阳极液中氯离子因膜的排斥作用很难透过膜进入阴极液，导致食盐水浓度降低，故阴极液中食盐极微量，保证制得的碱液纯度，即质量好。

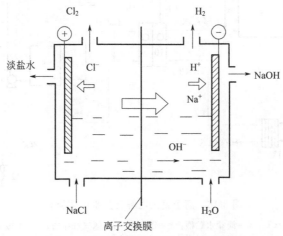

图 3-15　离子膜法电解制烧碱原理示意图

2. 离子膜法电解食盐水的工艺流程

图 3-16 所示为离子膜法电解食盐水的工艺流程。为防止食盐水中杂质增加电解过程的电阻，提高电流效率，离子膜法电解食盐水制烧碱工艺对食盐水的质量要求很高，所用食盐水需要一次精制后，进一步通过过滤和离子交换等操作进行二次精制，严格控制 Ca^{2+} 和 Mg^{2+} 等金属离子的浓度，以及悬浮物和游离氯的含量。二次精制的食盐水经盐水预热器升温后，送往离子膜电解槽

阳极室进行电解，纯水自电解槽底部进入阴极室，通入直流电后，阳极产生氯气，并产生淡盐水。电解槽出来的氯气和氢气处理过程与隔膜法的相同。从阳极流出的淡盐水一部分返回到电解槽阳极室补充精制盐水，另一部分用高纯盐水分解其中的氯酸盐，然后回到淡盐水贮槽，与未分解的淡盐水混合，并调节其 pH 值在 2 以下，送往脱氯工序脱氯，最后回到一次盐水工序重新制成饱和食盐水。

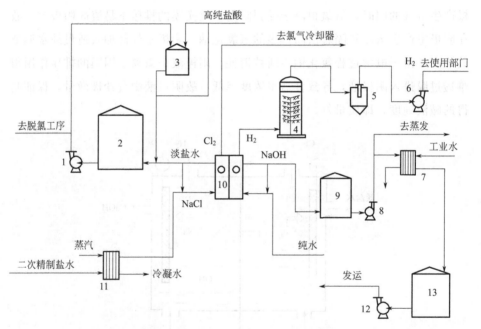

图 3-16　离子膜法电解食盐水工艺流程

1—淡盐水泵；2—淡盐水贮槽；3—分解槽；4—氯气洗涤塔；5—水雾分离器；

6—氯气鼓风机；7—碱液冷却器；8—碱液泵；9—碱液受槽；10—离子膜电解槽；

11—盐水预热器；12—碱液泵；13—碱液贮槽

第四节　纯碱及其生产工艺

纯碱作为重要的基本化工原料，广泛应用于玻璃、造纸、陶瓷、纺织、冶金、染料、食品、医药等化学工业生产和日常生活。

一、概述

纯碱即无水碳酸钠，分子式为 Na_2CO_3，俗称苏打或者碱灰。其外观为白色粉末状，20℃时真密度为 $2533kg/m^3$，随颗粒大小不同，它的堆密度也不同，故纯碱有轻质纯碱和重质纯碱之分。比热容为 $1.04kJ/(kg·K)$，熔点为851℃。易溶于水，能形成 $Na_2CO_3·H_2O$、$Na_2CO_3·7H_2O$、$Na_2CO_3·10H_2O$ 三种水合物，且水合时放热，其水溶液呈碱性，故有时也称为碱。

纯碱来源于天然碱和工业制碱，天然碱主要产于干旱少雨的地区，如我国的内蒙古、青海、宁夏、新疆等地。工业制碱始于1791年，法国人路布兰提出以食盐、煤、硫酸和石灰石为原料，间歇生产出纯碱。1861年，比利时的苏尔维提出氨碱法制碱，以食盐、石灰石、焦炭和氨为原料，该方法具有连续生产、产量大、成本低的特点，故直到现在，该方法生产纯碱的产量占总量的比例也较大。20世纪40年代，我国科学家侯德榜成功研究出联合制碱法，简称为联碱法，它是将纯碱和氨的生产联合起来，产品包括纯碱和氯化铵。联碱法、氨碱法和天然碱加工是世界生产纯碱的主要方法，其他的方法如芒硝制碱法、霞石制碱法等，所占比重很小。

二、侯氏制碱法制纯碱

1. 侯氏制碱法生产基本过程及工艺流程

氨碱法所用原料价廉易得，但是原料利用率不高，生产过程废液排出量较大，污染环境，而且为了回收氨，消耗大量石灰和蒸汽，且生产流程长。为解决上述问题，1938年，我国著名化工专家和科学家侯德榜提出联合制碱法（简称联碱法），即侯氏制碱法，该方法将纯碱和合成氨联合生产，生产过程原料一部分采用合成氨厂的氨和二氧化碳，另一部分需要盐和水，该方法在20世纪60年代正式投产。

联碱法生产包括制纯碱（制碱）和制氯化铵（制铵）两个过程。制碱过程包括吸氨、碳酸化、过滤和煅烧工序，其原理和生产过程同氨碱法。制铵过程包括盐水制备、盐析、冷析、过滤和干燥工序，其工艺流程见图3-17。

联碱法的制碱生产过程工艺流程基本与氨碱法的相近，只是制铵过程有多种流程，这里以外冷流程为例。

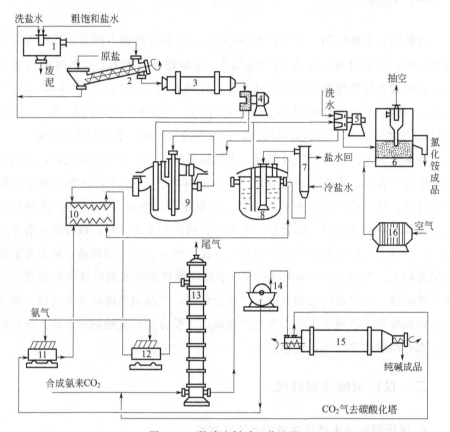

图 3-17　联碱法制碱工艺流程

1—澄清桶；2—洗盐机；3—球磨机；4,5—离心机；6—沸腾干燥炉；7—氨蒸发器；

8—冷析结晶器；9—盐析结晶器；10—换热器；11,12—吸氨塔；13—碳酸化塔；

14—过滤机；15—重碱煅烧炉；16—空气预热器

　　原盐经洗盐机、球磨机、澄清桶、离心机，制成符合规定纯度和粒度的洗盐，送往盐析结晶器，洗涤液循环使用。在盐析结晶器制备的饱和食盐水，在吸氨塔中吸氨制得氨盐水，送往碳酸化塔，并采用合成氨系统提供的二氧化碳进行碳酸化，反应得到的重碱经过滤分离进入煅烧炉加热分解为纯碱和炉气，炉气经冷凝和洗涤进入二氧化碳压缩机返回碳酸化塔。

　　重碱过滤所得母液 I（被 $NaHCO_3$ 饱和，且 NH_4Cl 也接近饱和）先送往吸氨塔吸氨，HCO_3^- 大部分转化为 CO_3^{2-}，然后进入冷析结晶器降温，部分 NH_4Cl 析出。冷析结晶器出来的母液流入盐析结晶器，经洗盐的盐析作用，又析出部分 NH_4Cl，与冷析得的悬浮液一同经增稠、过滤和干燥制得成品氯化铵。滤液返回盐析结晶器，盐析结晶器中的清液送往母液换热器与母液Ⅰ换热，又经吸氨塔吸氨制成母液Ⅱ。

联碱法的突出特点是原料利用率高，且不需石灰石及焦炭，不仅节省原料，还减少运输等方面的消耗，生产成本大大降低。另外，流程缩短，设备减少，且无大量废液和废渣排放。生产纯碱的同时还获得了氯化铵产品。但是，该方法生产过程腐蚀问题较严重，影响其经济效益。

2. 侯氏制碱法制氯化铵的结晶原理

侯氏制碱法制氯化铵过程中氯化铵的结晶工序至关重要，过滤重碱所得母液Ⅰ，其中包括 $NaHCO_3$、NH_4Cl、$NaCl$ 和 NH_4HCO_3。因 $NaHCO_3$ 已达到饱和，为避免 $NaHCO_3$ 和 NH_4HCO_3 与 NH_4Cl 一同析出，将母液Ⅰ氨化，溶液发生下列反应：

$$NH_3 + H_2O \longrightarrow NH_4^+ + OH^- \tag{3-29}$$

$$NH_3 + HCO_3^- \longrightarrow NH_4^+ + CO_3^{2-} \tag{3-30}$$

（1）冷析结晶原理　由上述可知，母液Ⅰ经氨化后，溶解度小的碳酸氢钠和碳酸氢铵转化为溶解度大的碳酸钠和碳酸铵，在母液Ⅰ冷却过程中碳酸盐不会与氯化铵一同析出，保证氯化铵的纯度。

接下来考虑氯化钠和氯化铵的溶解度特性，这两种盐各自的溶解度随温度的变化完全不同，随温度降低氯化钠的溶解度变化很小，而氯化铵的溶解度随温度降低显著下降。溶解度的实验数据表明，当温度低于 25℃ 时，氯化铵的溶解度随温度降低而大幅度下降，而氯化钠的溶解度随温度降低反而增加。所以，利用这一溶解度特性和区别，将母液Ⅰ冷却降温，氯化铵单独析出，其纯度可达 99.5%。

（2）盐析结晶原理　冷析后的母液为半母液Ⅱ，加入洗盐，产生同离子（Cl^-）效应，降低了氯化铵的溶解度，使得氯化铵析出，该过程为盐析结晶过程。另外，氯化铵的结晶又有利于氯化钠溶解度的增大，这一过程不仅制得了氯化铵产品，还使母液Ⅱ中氯化钠浓度增加，有利于制碱。

第五节　合成氨及其生产工艺

本节介绍合成氨及其生产工艺。

一、合成氨简介

氮是农作物生长必需的第一大要素，空气中含有 79%（体积分数）的氮，但大多数植物不能直接吸收这种游离状态的氮，必须将其转化为氮的化合物（如氮氧化物、氨气等）才能被动植物吸收利用。这种使空气中的氮转变为化合态氮的过程称为固定氮。豆科植物在常温常压下利用生物转化就可以直接吸收空气中的氮把它转化成氨和含铵产物，但是至今工业上合成氨仍然需要采用高温和高压以及催化剂才能完成同样的工作。自然界的固氮是通过闪电放出的高能使空气中的氮和氧化合生成各种氮氧化物，合成氨是工业固氮过程。

20世纪初人们研究成功并在工业上实现了三种固定氮的方法：电弧法、氰氨法和合成氨法。由于电弧法和氰氨法在经济上无法和合成氨法比拟，因此自 1913 年工业上实现氨的合成以后，合成氨法逐渐成为固定氮生产中的最主要方法。

合成氨指由氮和氢在高温高压和催化剂存在下直接合成的氨。哈伯和伯希等人研究开发了锇系催化剂和铁系催化剂的高温高压合成氨工艺，1913 年德国巴登苯胺和纯碱制造公司（BASF）建立第一套合成氨生产装置。哈伯和伯希也因他们在合成氨的研究和工业化方面的杰出贡献，分别于 1918 年和 1931年获诺贝尔化学奖。

氨主要用于制造氮肥和复合肥料，氨作为工业原料和氨化饲料，用量约占世界产量的 12%。硝酸、各种含氮的无机盐及有机中间体、炸药、聚氨酯、聚酰胺纤维和丁腈橡胶等都需直接以氨为原料。

二、合成氨生产工艺

1. 合成氨原料气制造

在合成氨生产中，合成气的制备可分为两大类：间歇式制半水煤气方法和氧或富氧空气（或纯氧）-蒸汽连续气化法（包括常压连续气化法和加压连续气化法）。

（1）间歇式制半水煤气法　合格半水煤气的组成（$CO+H_2$）与 N_2 的比例应为 3.1~3.2。以空气为气化剂时，可得含 N_2 的吹风气。根据空气中 O_2 和 N_2 的比例，碳和空气的反应可写成：

$$2C+O_2+3.76N_2 =\!=\!= 2CO+3.76N_2 \quad \Delta H=-221.189kJ/mol \quad (3\text{-}31)$$

以蒸汽为气化剂时，可得到含 H_2 的水煤气。碳和蒸汽的反应为：

$$C+H_2O =\!=\!= CO+H_2 \quad \Delta H=131.39kJ/mol \quad (3\text{-}32)$$

从气化系统的热平衡看，碳和空气的反应是放热的，而碳和蒸汽的反应是吸热的。如果外界不提供热源，而是通过前者的反应热为后者提供反应所需的热能，并能维持系统自热平衡的话，事实上不可能获得合格组成的半水煤气。反之，若欲获得组成合格的半水煤气，该系统就不能维持自热平衡。

入煤气炉以提高燃料层的温度，此时生成的气体（吹风气）大部分放空。然后送入蒸汽进行气化反应，燃料层温度逐渐下降。在所得的水煤气中配入部分吹风气即成半水煤气。如此间歇地送空气和蒸汽并重复进行，是目前比较普遍采用的补充热量的方法。生产中广泛采用的间歇法制造半水煤气的工艺流程如图 3-18 所示。

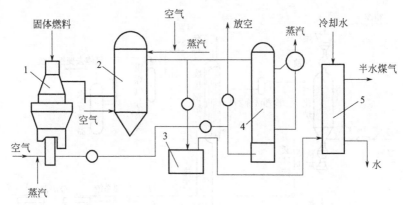

图 3-18　间歇法制造半水煤气的工艺流程

1—煤气发生炉；2—燃料蓄热室；3—洗气箱；4—废热锅炉；5—洗气塔

间歇气化时，自本次开始送入空气至下一次再送入空气时止，称为一个工作循环，每个工作循环一般包括五个阶段，每个工作循环一般 3min 左右。间歇式煤气炉为移动床气固反应设备，煤炭从炉顶部加入，经干燥层和干馏层，进入气化层（吹风时为氧化层和还原层），然后进入底部的灰渣层，再由炉底排出。

（2）富氧空气（或纯氧）-蒸汽连续气化法　富氧空气-蒸汽连续气化法有加压鲁奇法、常压温克勒法和科柏斯-托切克法等。该方法不用空气来加氮，可以进行连续制气。若欲制得合格的原料气，以 $(CO+H_2)/N_2=3.2$ 计，N_2 的计量系数将由 3.76 降至 1.68，即：

$$3.68C+O_2+1.68N_2+1.68H_2O \Longrightarrow 3.68CO+1.68N_2+1.68H_2 \quad (3\text{-}33)$$

此时，富氧空气中的最低氧含量为：

$$1/(1+1.68)\times100\%=37.3\%$$

在实际生产中，存在各种热损失。因此，移动床连续气化法所需富氧空气的氧含量约为 50%，而 O_2/H_2O 为 0.5～0.6。

当以纯氧为气化剂时，为制得合成氨原料气，应在后续工序中补加纯 N_2，以使氢氮比符合工艺要求。

鲁奇加压气化流程简图如图 3-19 所示。氧气与蒸汽自下而上通过燃料层，煤由气化炉顶部加入。燃料层自上而下分为干燥区、干馏区、气化区和燃烧区等区域。在燃烧区进行碳的燃烧反应，在气化区则主要是碳和蒸汽的反应。炉的操作压力为 3MPa。

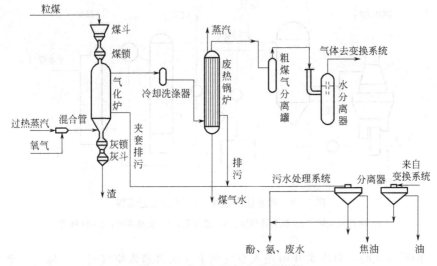

图 3-19　鲁奇加压气化流程简图

2. 合成氨原料气的净化

最终的净化方法一般有三种，即铜氨液吸收法、甲烷化法和深冷液氨洗涤法。近年来又出现变压吸附法，以下介绍铜氨液吸收法。

此方法于 1913 年已经工业化。在高压和低温下采用铜盐的氨溶液吸收 CO、CO_2、H_2S 和 O_2，然后吸收液在减压和加热条件下进行再生。此方法简称为"铜洗"，铜盐氨溶液简称"铜液"，对净化后的气体又称为"铜洗气"或"精炼气"。本方法常用于以煤为原料间歇制气的中小型氨厂。

铜液的组成比较复杂。乙酸铜氨液由金属铜溶于乙酸、氨和水而制成。由于金属铜不能直接溶于乙酸和氨中，在制备新鲜铜液时必须加入空气，这样金属铜就容易被氧化为高价铜，而形成络合物，其反应如下：

$$2Cu+4HAc+8NH_3+O_2 ==== 2Cu(NH_3)_4Ac_2+2H_2O \qquad (3-34)$$

生成的高价铜再把金属铜氧化成低价铜，从而使铜逐渐溶解：

$$Cu(NH_3)_4Ac_2+Cu = 2Cu(NH_3)_2Ac \qquad (3-35)$$

铜液中的铜离子分别以低价和高价两种形式存在。前者以 $[Cu(NH_3)_2]^+$ 形态存在，是吸收 CO 的主要活性组分；后者以络合态 $[Cu(NH_3)_4]^{2+}$ 形态存在，它无吸收 CO 的能力，但溶液中又必须有它存在，防止溶液中析出金属铜：

$$2Cu(NH_3)_2Ac ==== CU(NH_3)_4Ac_2+Cu\downarrow \qquad (3-36)$$

低价铜离子无色，高价铜离子呈蓝色，高价铜离子浓度越高，铜液的颜色越深。铜液不仅能吸收气体中的 CO，而且还能吸收 CO_2、O_2 和 H_2S 等，其反应为：

$$[Cu(NH_3)_2]^++CO+NH_3 ==== [Cu(NH_3)_3CO]^+ \qquad (3-37)$$

$$2NH_3+CO_2 ==== NH_2COONH_4 \qquad (3-38)$$

$$NH_2COONH_4+2H_2O+CO_2 ==== 2NH_4HCO_3 \qquad (3-39)$$

$$4[Cu(NH_3)_2]^++4NH_4^++4NH_3+O_2 ==== 4[Cu(NH_3)_4]^{2+}+2H_2O$$
$$\qquad (3-40)$$

$$NH_3+H_2S ==== NH_4^++HS^- \qquad (3-41)$$

$$2[Cu(NH_3)_2]^++H_2S ==== Cu_2S\downarrow+2NH_4^++2NH_3 \qquad (3-42)$$

为了循环使用铜液，必须考虑铜液的再生。铜液的再生包括两方面内容：一是把吸收的 CO、CO_2 完全解吸出来；二是将被氧化的高价铜进行还原。铜液从铜洗塔出来后，经减压并加热至沸腾，使被吸收的 CO、CO_2 解吸出来。此外，高价铜还原为低价铜的反应，即高价铜被溶解态的 CO 还原为低价铜的过程。溶解态的 CO 易被高价铜氧化成 CO_2，称之为"湿法燃烧反应"：

$$[Cu(NH_3)_3CO]^+ + 2[Cu(NH_3)_4]^{2+} + 4H_2O \Longrightarrow 3[Cu(NH_3)_2]^+$$
$$+ 2NH_4^+; + CO_2 + 3NH_4OH \tag{3-43}$$

可以看出，再生和还原是相互依存的过程。

3. 氨的合成

以下为氨合成工艺流程，氨合成工艺流程有多种，但都包含以下几个基本步骤：

① 通过压缩机将净化的合成气压缩到合成所需的压力；

② 净化的原料气升温合成氨；

③ 冷却冷冻系统分离出口气体中的氨，未转化的氢气、氮气用循环压缩机升压后返回合成系统；

④ 弛放部分循环气使惰性气体含量在规定值以下。

在工艺流程的设计中，要合理地配置上述各环节。重点是合理地确定循环压缩机、新鲜原料气的补入以及惰气放空的位置、氨分离的冷凝级数（冷凝法）、冷热交换器的安排和热能回收的方式等。

氨合成工艺流程有丹麦的托普索流程、日本的 NEC 流程、英国 ICI 公司AMY 流程和美国 Bmim 公司的低温净化流程等。尽管合成工艺不同，但它们仍有许多相似之处，这是由氨合成反应本身的特性所决定的。

未反应原料气循环。由于受化学平衡制约，氨合成率不高，有大量未反应的氢气、氮气需循环利用。

（1）氨冷凝分离　氨合成中的平衡氨含量取决于反应温度、压力、氢氮比及惰性气体含量，当这些条件一定时，平衡氨含量是一个定值。无论进口气体中有无氨，出口气体中氨含量总是一个定值。因此，反应后气体中所含的氨必须冷凝分离，以使循环回合成塔入口的混合气中氨含量尽可能少，提高氨净值。

（2）弛放气　由于新鲜合成气中带入的惰性气体在系统中不断累积，当达到一定值时，会影响反应的正常进行，降低合成率和平衡氨含量。因此需定期或连续放空一些循环气，造成一定损失。

（3）压缩　由于氨合成系统是在高压下进行的，而原料气制备及净化的压力较低，需压缩加压；另外，设备及合成塔床层的压力降等，使循环气与合成塔进口气产生压力差，需循环加压弥补压力降损失。

图 3-20 所示是一种节能型凯洛格法氨合成工艺流程。

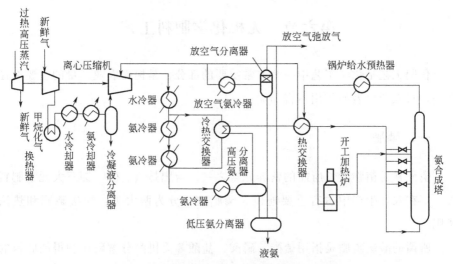

图 3-20　节能型凯洛格法氨合成工艺流程

新鲜的合成气首先经离心压缩机的第一段压缩后，进入新鲜气甲烷化气换热器、水冷却器及氨冷却器，逐步冷却到 8℃。经冷凝液分离器除去水分后，进入压缩机第二段并与循环气在气缸内混合，继续压缩至压力达到 15.5MPa，温度为 69℃，经水冷器降至 38℃。此后气体分为两路，一路约 50% 的气体经过两级串联的氨冷器进行冷却。一级氨冷器中液氨在 13℃ 下蒸发将气体冷却到 22℃，二级氨冷器中的液氨在 -7℃ 下蒸发，进一步将气体冷却到 1℃ 左右。另一路气体与高压氨分离器来的 -23℃ 的气体在冷热交换器内换热，降温至 -9℃。两路气体汇合后温度为 -4℃，再经过第三级氨冷却器，利用 -33℃ 下蒸发的液氨将气体进一步冷却到 -23℃，然后送往高压氨分离器。分离液氨后，含氨 2% 的循环气经过热交换器预热到 141℃ 后，进入轴向合成塔。部分进气进入合成塔后沿外筒与催化剂筐之间的环隙自下而上到塔顶部的内换热器，经出塔气预热到 425℃ 左右，再由上而下流过四层催化剂床，并与各催化剂层间引入的冷激气汇合。从最下一层出来的气体进入一根直立的中心管，自下而上地进入塔顶换热器管内，将热量传给进塔气后，由塔顶出来。合成塔出口气经过加热锅炉给水，再与进塔气换热后被冷却至45℃，绝大部分气体回到高压氨循环段进行下次循环。

第六节　无机化学肥料工艺

化肥工艺是化学工艺中一个非常重要的部分，是提高农业产量的主要途径之一，对农业发展的作用不言而喻。

一、磷肥

磷元素是植物生长所需的营养元素之一，磷肥是氮、磷、钾三大元素肥料之一，在农业生产中占有重要地位。磷肥主要分为两大类：酸法磷肥和热法磷肥。

所谓的酸法磷肥是指用硫酸、磷酸、盐酸等无机酸分解磷矿制得的肥料的总称，主要品种包括普通过磷酸钙、重过磷酸钙、富过磷酸钙、磷酸氢钙和氨化过磷酸钙等，下文主要介绍重过磷酸钙。热法磷肥是指在高温（≥1000℃）下加入或不加入某些配料分解磷矿制得的肥料的总称，主要品种有钙镁磷肥、脱氟磷肥、烧结钙钠磷肥、偏磷酸钙和钢渣磷肥等。热法磷肥是一类非水溶性的缓效磷肥，不易流失、肥效持续时间长。热法磷肥的加工分为熔融法和烧结法两大类。

1. 酸法磷肥

重过磷酸钙简称重钙，有效 P_2O_5 含量为 $40\%\sim50\%$。其主要成分为 $Ca(H_2PO_4)_2 \cdot H_2O$，并含有少量游离酸。由于重钙的有效 P_2O_5 含量是普通过磷酸钙的三倍，又称其为三倍过磷酸钙。国外将有效 P_2O_5 含量为 $30\%\sim50\%$ 的富过磷酸钙（简称富钙）与重过磷酸钙统称为浓缩过磷酸。

早在1872年，重钙就在德国实现了工业化。由于受当时磷酸和磷酸浓缩技术的制约，重钙的生产规模较小。随着湿法磷酸浓缩的工业化，在20世

50～60 年代重钙才得以迅速发展。20 世纪 50 年代末，我国开始进行重钙的开发研究，并建成了一些几十万吨级的大型重钙生产装置。重钙的生产方法主要有化成室法（也称浓酸熟化法）和无化成室法（也称稀酸返料法）。近些年来，由于高效复合肥料磷铵的发展，一些大型重钙厂改产了磷铵，重钙产量逐渐下降。目前重钙产量只占全国磷肥总产量的 4% 左右。

（1）重钙生产基本原理和工艺条件 重钙生产是用磷酸分解磷矿，因此其生产过程的反应机理与普通过磷酸钙生产的第二阶段相同，反应过程可用下式表示：

$$Ca_5F(PO_4)_3 + 7H_3PO_4 + 5H_2O \Longrightarrow 5Ca(H_2PO_4)_2 \cdot H_2O + HF$$

此外，磷矿中的其他杂质也同时被磷酸分解：

$$(Ca,Mg)CO_3 + 2H_3PO_4 \Longrightarrow (Ca,Mg)(H_2PO_4)_2 \cdot H_2O + CO_2\uparrow$$

$$(Fe,Al)_2O_3 + 2H_3PO_4 + H_2O \Longrightarrow 2(Fe,Al)PO_4 \cdot 2H_2O$$

磷矿中的硅酸盐则被酸分解生成硅酸，其与 HF 作用生成 H_2SiF_6 和气态的 SiF_4。H_2SiF_6 可进一步加工为氟硅酸盐副产品。

重钙生产要求磷矿的 P_2O_5 含量尽可能高，P_2O_5/CaO 尽可能大，Fe_2O_3、Al_2O_3、MgO 等杂质的含量尽可能低，以提高产品中水溶性 P_2O_5 的含量，减少有效 P_2O_5 的退化和改善产品的物理性质。在重钙生产过程中，由于体系中的 MgO 会中和磷酸的第一个氢离子，从而降低磷矿分解率，因此需注意控制磷矿和磷酸中 MgO 的含量。此外，由于磷酸镁盐的吸湿性和缓慢结晶析出会导致产品的黏结，物理性质变坏，故也对限制 MgO 的含量提出了严格要求。

磷酸分解磷矿的主要工艺条件有：磷酸浓度、反应温度、混合强度、磷矿粉细度等，其中磷酸浓度是重钙生产的关键工艺条件。

提高磷酸浓度，即提高体系中氢离子的浓度，可加快反应速率；同时又可降低产品水分，缩短熟化时间，减轻干燥负荷，提高产品质量。但磷酸浓度也不是越高越好，其不利影响如下：

① 液固比降低，磷酸和磷矿不易混合均匀；

② 磷酸黏度增加，使磷酸通过反应层的扩散系数迅速减小，降低反应速率；

③ 离解度随着磷酸浓度的提高而减小，导致氢离子活度减小。

磷酸浓度为 26%～46% P_2O_5，磷矿分解率随着磷酸浓度与氢离子浓度的提高而增加。当磷酸浓度达到某一临界浓度时，其黏度急剧增加，导致磷矿分解率迅速下降。在化成室法中，磷酸浓度过低，料浆的液固比太大；磷酸浓度过高，又易导致局部反应；这两种情况均会导致料浆不能固化。磷酸浓度的选择还与磷矿性质相关。使用易分解的磷块岩为原料时，磷酸浓度以 $40\%\sim50\%P_2O_5$ 为宜；如用难分解的磷灰石为原料时，磷酸浓度为 $50\%\sim55\%$ P_2O_5 较合适。

反应温度主要影响初始的磷矿分解率。磷酸浓度较低时，采用较高的反应温度有利于磷矿的分解。磷酸浓度较高时可以采用较低的反应温度。提高磷酸温度虽可降低其黏度，增加磷酸二氢钙的过饱和度，但结晶速度也相应加快，析出过多的细小磷酸二氢钙结晶，反而不利于磷矿的继续分解。

混合强度与时间对磷矿分解也有重要影响。磷酸与磷矿粉混合时，物料形态经历了如下一些阶段：流动期、塑性期、固态期。在流动期内，反应体系为均匀的料浆，混合效果好。塑性期体系渐趋黏稠，混合困难。固态期反应物已固化，较干燥，易粉碎。虽然流动期和塑性期的长短与矿种、磷矿品位、磷酸用量、反应温度、矿粉细度等均有关，但由于料浆的触变性，流动期的长短和混合强度的关系更为密切，强烈的搅拌可以延长流动期。流动期的延长可使酸、矿充分反应，有利于加速磷矿分解；同时还可改善产品物理性质，提高生产能力。

生产重钙所用的矿粉细度比生产普通过磷酸钙所用的矿粉细度高，一般通过 200 目的粒度要占 50% 以上。矿粉也不能过细，否则不仅增加动力消耗，还会缩短混合的流动期，导致磷矿的前期分解率虽高，但后期的分解率反而缓慢。

(2) 重钙生产的工艺流程　图 3-21 所示是化成室法重钙生产工艺流程。在锥形混合器中将含 $45\%\sim55\%P_2O_5$ 的浓磷酸与磷矿粉混合。浓磷酸经计量分四路通过喷嘴，按切线方向流入混合器；磷矿粉经螺旋输送机通过锥形混合器上部的中心管流下与旋流的磷酸相遇，经过 $2\sim3s$ 的剧烈混合后，料浆流入皮带化成室。在皮带化成室内，重钙很快固化，将刚固化的重钙用切条刀切成窄条，然后通过鼠笼式切碎机将其切碎，送往仓库堆置熟化。

在无化成室法工艺中，采用浓度较低的磷酸（含 $30\%\sim32\%$ 或 $38\%\sim40\%P_2O_5$ 的磷酸）分解磷矿。制得的料浆与成品细粉混合，再经过加热促进

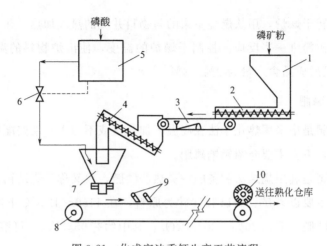

图 3-21　化成室法重钙生产工艺流程

1—磷矿粉储斗；2,4—螺旋输送机；3—加料器；5—磷酸计量槽；6—自动调节阀；

7—锥形混合器；8—皮带化成室；9—切条刀；10—鼠笼式切碎机

磷矿进一步分解而得到重钙。该工艺流程没有明显的化成和熟化阶段，故称为无化成室法。

无化成室法制造重钙的工艺流程如图 3-22 所示。磷矿粉与稀磷酸在搅拌反应器内混合，并通入蒸汽加热控制温度在 80～100℃。从反应器流出的料浆与返回的干燥产品细粉在双轴卧式造粒机内进行混合和造粒，制得的湿颗粒状

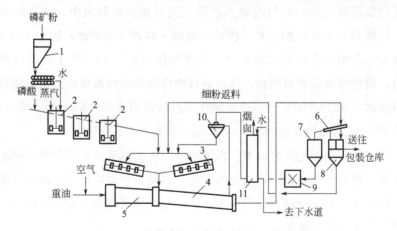

图 3-22　无化成室法制造重钙的工艺流程

1—矿粉储斗；2—搅拌反应器；3—双轴卧式造粒机；4—回转干燥炉；5—燃烧室；6—振动筛；

7—储斗；8—产品储斗；9—破碎机；10—旋风除尘器；11—洗涤塔

物料进入回转干燥炉，用从燃烧室来的与物料并流的热气加热，在干燥炉内尚未分解的磷矿粉进一步反应。控制干燥炉的温度，使出炉物料的温度为 95～100℃，干燥后成品含水量为 2%～3%。

2. 热法磷肥

热法磷肥是指采用热化学法在高温下加入（或不加入）某些配料分解磷矿制得的磷肥，下文主要介绍钙钠磷肥。

钙钠磷肥是利用烧结法制备的一类热法磷肥，故又称为烧结钙钠磷肥。工业生产中，主要以磷矿、纯碱和硅砂为原料，在 1150～1250℃下经高温烧结而成。钙钠磷肥一般含 20%～30%P_2O_5，其中约有 95%P_2O_5 可溶于 2% 的柠檬酸中，在 pH=9 的柠檬酸铵溶液中也有 90%～96%P_2O_5 的可溶率。

1917 年，德国钾盐化学公司研制开发了钙钠磷肥的生产工艺，后由德国的雷诺尼亚公司生产，其主要反应为

$$Ca_5F(PO_4)_3 + 2Na_2CO_3 + SiO_2 = 3CaNaPO_4 + Ca_2SiO_4 , + NaF + 2CO_2$$

由上式可知：在钙钠磷肥中，磷酸盐是以 $CaNaPO_4$ 和 Ca_2SiO_4 的固溶体形式存在的。

钙钠磷肥的生产过程主要包括：生料制备、生料煅烧、熟料冷却和熟料洗磨四个工序。生料制备是首先将磷矿和硅砂分别进行干燥，然后一起加入球磨机中进行磨碎和混合，再与纯碱一起送入混料机、造粒机中，制得含水量为10%、粒度为 2～5mm 的生料。磷矿∶纯碱∶硅砂（质量比）约为 10∶3∶1。将生料加入含铝耐火砖的回转窑中，以煤粉作燃料在 1200℃下进行煅烧，在窑的出口设置喷水装置对肥料、熟料进行骤冷和部分脱氟反应。出窑熟料在冷却筒内冷却至 400～600℃后，送入储仓中进行自然冷却，再经磨碎即为产品。该工艺生产 1t 产品消耗纯碱 250～310kg，消耗煤粉约 150kg。

美国、德国等国为降低成本，曾试图采用芒硝部分或全部代替碳酸钠制备钙钠磷肥，但由于工艺过程控制要求严格、设备生产强度低等原因而未能工业化。芒硝法工艺的反应过程分为两步：首先用碳将硫酸钠还原为硫化钠，然后与磷矿反应生成磷酸钠钙：

$$Ca_5F(PO_4)_3 + 2Na_2S = 3CaNaPO_4 + 2CaS + NaF$$

上述工艺的炉料质量配比为磷矿∶硫酸钠∶煤=10∶6∶3。煅烧后出窑熟

料的处理过程与碳酸钠法相似，均要求快速冷却至 400℃以下，避免或减少有效磷的退化。

二、钾肥

1. 氯化钾

氯化钾，分子式 KCl，相对分子质量 74.55，纯氯化钾含水溶性 K_2O 63.17%，肥料级氯化钾一般含 K_2O 58%～60%，其占世界钾肥总产量 80% 以上。钾石盐是氯化钾和氯化钠的混合物，矿石多呈橘红色，间有白色、青灰色等。氯化钾含量可在 10%～60% 范围内波动，主要杂质是氯化钠、光卤石、硬石膏和黏土等物质。钾石盐是最重要的可溶性钾矿，一般认为用于生产的钾石盐 KCl 含量必须在 20% 以上。下文介绍溶解结晶法制取氯化钾的过程。

（1）溶解结晶法原理　KCl 的溶解度与多数盐类相似，随着温度上升而迅速增加，而 NaCl 在高温时的溶解度只略高于低温。若有 KCl 存在，NaCl 的溶解度随着温度升高而略有减少。溶解结晶法就是根据 NaCl 和 KCl 在水中的溶解度随温度变化规律的不同而将两者分开的一种分离方法。图 3-23 是 KCl-NaCl-H_2O 系统在 25℃、100℃下的溶解度图。设 s 为钾石盐的组成点（视钾石盐仅由 KCl、NaCl 组成），由图可见，100℃时的共饱和溶液 E_{100}，冷却到 25℃时处于 KCl 结晶区内，有 KCl 固相析出，液相位于 CE_{100} 的延长线与 $a_{25}E_{25}$ 的交点 n 处，将 KCl 结晶过滤除去后，重新把溶液 n 加热到 100℃，与钾石盐 s 混合成系统，因为 k 点位于 100℃的 NaCl 结晶区，KCl 不饱和而溶解，NaCl 固相析出，过滤 NaCl 后将共饱和溶液 E_{100} 重新冷却，开始新的循环过程。

（2）工艺流程　根据相图分析，溶解结晶法工艺流程由四个部分组成。工艺流程如图 3-24 所示。

① 矿石溶浸　用已加热的并已分离出氯化钾固体的母液去溶浸破碎到一定粒度的钾石盐矿石，使其中的 KCl 转入溶液，而 NaCl 几乎全部残留在不溶性残渣中。

② 残渣分离　将热溶浸液中的食盐、黏土等残渣分离去，并使之澄清。

③ 氯化钾结晶　通过冷却澄清的热溶浸液，将氯化钾结晶出来。

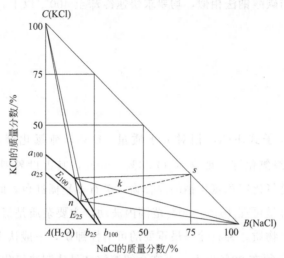

图 3-23 25℃和 100℃ KCl-NaCl-H$_2$O 系统溶解度图**❶**

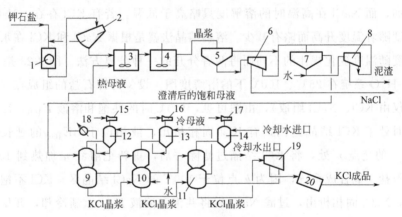

图 3-24 溶解结晶法从钾石盐制取氯化钾流程图

1—破碎机；2—振动筛；3,4—溶解槽；5,7—沉降槽；6,8,19—离心机；

9~11—结晶器；12~14—冷凝器；15~17—蒸汽喷射器；18—加热器；20—干燥机

④ 氯化钾分离 分离出的氯化钾结晶，经洗净、干燥后即可出售。母液加热后返回系统，用来溶浸新矿石。

---

❶ 图中的 E_{25} 和 E_{100} 分别为 25℃和 100℃ KCl-NaCl 二盐共饱和点，$a_{25}E_{25}$ 和 $a_{100}E_{100}$、$E_{25}b_{25}$ 和 $E_{100}b_{100}$ 分别表示 25℃和 100℃ NaCl、KCl 的溶解度线。

溶解结晶法的优点为钾的收率较高，成品结晶颗粒大而均匀、纯度较高。缺点是浸溶温度较高、消耗较大、设备腐蚀严重。

2. 硫酸钾

硫酸钾，分子式 K_2SO_4，相对分子质量 174.27，理论含 K_2O 54.06%。硫酸钾是无氯钾肥的主要品种。商品硫酸钾中氧化钾含量一般在 50% 左右，硫含量 18%，两者皆是植物所需的营养元素，一些忌氯作物，如亚麻、荞麦、马铃薯、茶叶、烟草、柑橘、葡萄等，如施用氯化钾肥（KCl），将使作物质量受到影响。因此，K_2SO_4 用于肥料的消费量很大。

世界硫酸钾产量中，约 50% 来自开采的天然钾盐矿石，包括硫酸钾石、无水钾镁矾、钾盐镁矾、钾镁矾和软钾镁矾等的加工；37% 是用成品 KCl 转化，其余 13% 来自盐湖卤水和其他资源。下文介绍复分解法生产硫酸钾。

常用芒硝、无水钾镁矾、泻利盐和氯化钾复分解制取 K_2SO_4，现以无水钾镁矾和泻利盐生产 K_2SO_4 为例。

无水钾镁矾常与 NaCl 一起形成混合物，由于 NaCl 在水中的溶解速度要比无水钾镁矾快得多，因此可用水洗涤将 NaCl 从混合物中除去大部分。无水钾镁矾和氯化钾的复分解反应如下：

$$K_2SO_4 \cdot 2MgSO_4 + 4KCl \Longrightarrow 3K_2SO_4 + 2MgCl_2$$

图 3-25 为 K^+、Mg^{2+}//Cl^- 以及 SO_4^{2-}-H_2O 系统 25℃ 时的相图，图中 L 为无水钾镁矾（$K_2SO_4 \cdot 2MgSO_4$）的组成点，S 为钾镁矾（$K_2SO_4 \cdot MgSO_4 \cdot 4H_2O$）及软钾镁矾（$K_2SO_4 \cdot MgSO_4 \cdot 6H_2O$）的组成点，$K$ 为钾盐镁矾（$KCl \cdot MgSO_4 \cdot 3H_2O$）的组成点。

如果将无水钾镁矾 L 与氯化钾 B 混合成溶液 a，当水量适合时，可使系统落在 K_2SO_4 结晶区内，析出 K_2SO_4 而得溶液 P，过滤出 K_2SO_4 固体后，在高温下蒸发溶液 P，液相点组成沿着 PE 共饱线向 E 移动，先后析出钾镁矾、钾盐镁矾和氯化钾结晶，将固体分离出后返回复分解，母液 E 排弃掉。

用泻利盐（$MgSO_4 \cdot 7H_2O$）和氯化钾复分解制取软钾镁矾。在 25℃ 下，将氯化钾 B 和泻利盐 D 混合成系统 K 点，此时，若调整各自用量，系统点将落在软钾镁矾结晶区内，析出软钾镁矾 S 并得母液 E。E 落在钾盐镁矾结晶

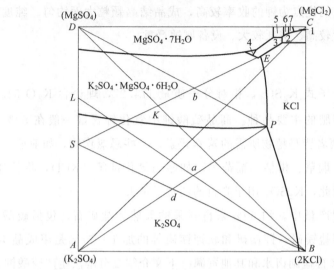

图 3-25 K^+、Mg^{2+} // Cl^-、SO_4^{2-}-H_2O 系统 25℃时的相图

1—$MgCl_2 \cdot 6H_2O$ 结晶区；2—$KCl \cdot MgCl_2 \cdot 6H_2O$ 结晶区；3—$KCl \cdot MgSO_4 \cdot 3H_2O$ 结晶区；

4—$K_2SO_4 \cdot MgSO_4 \cdot 4H_2O$ 结晶区；5—$MgSO_4 \cdot 6H_2O$ 结晶区；

6—$MgSO_4 \cdot 5H_2O$ 结晶区；7—$MgSO_4 \cdot 4H_2O$ 结晶区

区内，蒸发时析出钾盐镁矾，分离后继续将钾盐镁矾返回复分解，而得到的软钾镁矾可直接作为肥料。

用泻利盐和氯化钾复分解制硫酸钾分两步。第一步：在 25℃下，用软钾镁矾、氯化钾和硫酸钾的共饱液 P 和固体 $MgSO_4$ 混合成 b，析出软钾镁矾 S 得到母液 E；第二步：固液分离后将软钾镁矾 S 与氯化钾 B 混合成 d 并加少量水使其发生复分解反应，则析出硫酸钾 A 而得到母液 P，P 返回到第一步中，分离出的 K_2SO_4 为产品，将第一步中产生的母液 E 弃去。工艺流程见图 3-26。

三、尿素

尿素学名碳酰二胺，分子式为 $CO(NH_2)_2$，是由氨和二氧化碳合成的白色针状或柱状结晶，含氮量 46.6%，易溶于水，熔点 132.6℃，常压下温度超过熔点即分解。尿素是氮肥中含氮量最高的品种，是中性速溶肥料，不会影响土质。尿素除作为化学肥料外，工业上还可作为高聚物合成材料；此外，还应用于医药、石油脱硝等方面。

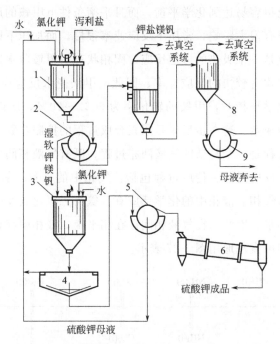

图 3-26　由泻利盐和氯化钾制取硫酸钾的工艺流程

1,3—转化槽；2,5,9—转筒真空过滤机；4—增稠器；

6—转筒干燥器；7—真空蒸发器；8—真空结晶器

1. 尿素合成的基本原理

目前，工业上采用由氨和二氧化碳直接合成尿素，总反应式为

$$2NH_3(l) + CO_2(g) \Longrightarrow CO(NH_2)_2(l) + H_2O(l)$$

这是一个可逆放热反应，受化学平衡的限制，NH_3 和 CO_2 通过合成塔一次反应只有部分转化为尿素。因此，未反应的物质需循环。

有关尿素合成的反应机理众说纷纭，但一般认为反应是在液相中分两步进行的，即首先 NH_3 和 CO_2 生成中间产物氨基甲酸铵（甲铵）NH_4COONH_2，然后甲铵脱水生成尿素：

$$2NH_3(l) + CO_2(g) \Longrightarrow NH_4COONH_2(l) \qquad \Delta H = +119.2kJ/mol$$

$$NH_4COONH_2(l) \Longrightarrow CO(NH_2)_2(l) + H_2O(l) \qquad \Delta H = -28.49kJ/mol$$

第一步反应是一个快速、强放热的可逆反应，如果具有良好的冷却条件能不断地移走反应热，并能保证在反应进行过程中的温度低到足以使甲铵冷凝为

液体，则该反应很容易达到化学平衡，而且平衡条件下甲铵的产率很高。压力对该反应的速率有很大影响，常压下反应速率很慢，而加压下则很快。

第二步反应是一个吸热的可逆反应，固相状态下甲铵脱水速率较慢，只有在熔融的液相中才有较快的反应速率。因此，甲铵脱水反应应在液相中进行。脱水反应达到化学平衡时，甲铵的转化率为 $50\%\sim70\%$，所以有相当数量的甲铵未能转化为尿素。这一步反应是尿素合成过程的控制步骤。

尿素合成过程是一个复杂的气液两相过程，既有气液相间的传质过程，又有液相中的化学反应过程。传质过程包括：气相中的氨和二氧化碳转入液相，液相中的水转入气相。液相中的化学反应有：氨与二氧化碳反应生成甲铵，甲铵转化为尿素和水。因此，在气液相间存在相平衡，液相中存在化学平衡。上述五个平衡过程可直观地用图 3-27 表示。

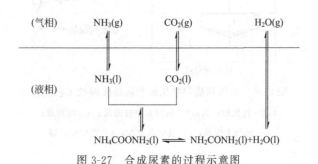

图 3-27　合成尿素的过程示意图

综上所述，尿素合成的总速率受传质速率与化学反应速率两方面的影响。鉴于液相中生成甲铵的速率远快于甲铵脱水的速率，故液相化学反应速率由甲铵脱水反应速率决定；而传质过程关键在于氨和二氧化碳由气相传递到液相的速率。可以认为影响尿素合成总速率的因素有两个，即氨和二氧化碳由气相传递到液相的速率及液相中甲铵脱水反应的速率。

2. 尿素合成的工艺流程

由氨和二氧化碳直接合成尿素的生产工艺流程有多种，早期工业生产中多采用不循环法和部分循环法，后来被水溶液全循环法取代，其后又对水溶液全循环法进行改进，出现了各种气提法流程。尽管流程不同，但它们的基本生产原理是相同的。

不循环法和部分循环法的特征是将未反应的氨和二氧化碳不返回合成塔或

部分返回合成塔。将未返回的氨和二氧化碳加工成其他产品，如硫酸铵、硝酸铵等。这两种工艺方法现已被淘汰。目前，尿素的生产主要采用全循环法，根据循环方式的不同，又可分为两大类：水溶液全循环法和气提法。水溶液全循环法根据添加水量的不同，可分为碳酸铵盐水溶液全循环法（水量多）和甲铵水溶液全循环法（水量少）。气提法根据气提介质的不同，可分为二氧化碳气提法、氨气提法和变换气气提法。下面以甲铵水溶液全循环法和二氧化碳气提法为例，介绍尿素的生产工艺过程。

（1）甲铵水溶液全循环法 甲铵水溶液全循环法是采用减压加热的方法，将未转化为尿素的甲铵分解和汽化，并使过量氨汽化，从而达到将未反应物与尿素分离的目的，其工艺流程如图 3-28 所示。

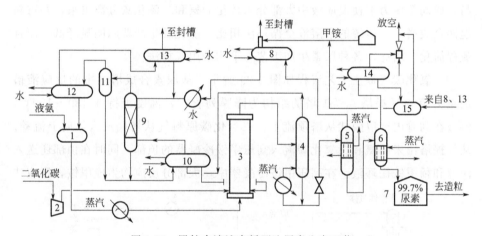

图 3-28 甲铵水溶液全循环法尿素生产工艺

1—氨储器；2—压缩机；3—尿素合成塔；4—中压分解塔；5—低压分解塔；6—浓缩器；

7—储槽；8—低压吸收塔；9—中压吸收塔；10—冷却器；11—分离器；12—氨冷凝器；

13—冷却器；14—冷凝器；15—封槽喷射泵

合成氨车间来的液氨由液氨泵加压至 20MPa 后，经液氨预热器预热至 45～55℃进入尿素合成塔底部。二氧化碳经压缩机压至 20MPa，温度约为 125℃，也送入尿素合成塔底部。循环系统回收的甲铵-氨水溶液由甲铵泵加压，温度约为 100℃，也同时由尿素合成塔底部加入。三股物料混合，自下而上通过合成塔，在塔内停留约 1h，出料的二氧化碳转化率为 62%～64%，塔内反应温度为 185～190℃。从合成塔出来的反应熔融物，经减压阀将压力减至 1.7MPa，进入中压分解塔，温度保持在 160℃ 左右，使过量氨及大部分甲铵分解的氨和二氧化碳分离出来。中压分解塔出来的溶液，经再一次减压，将压力减至 0.2～0.3MPa，使残余的氨逸出和甲铵进一步分解。低压分解塔出来的溶液，含尿素约为 75%，经二次蒸发浓缩，浓度达到 99.7%，进入造粒塔造粒。

从低压分解塔出来的氨和二氧化碳在低压吸收塔用冷凝液吸收，吸收后的甲铵-氨水溶液送至中压吸收塔塔顶。从中压分解塔来的氨和二氧化碳在中压吸收塔中被液氨吸收，塔底吸收液经甲铵泵返回尿素合成塔。低压吸收塔及中压吸收塔塔顶出来的尾气中仍含有氨，经冷凝、蒸发冷凝液吸收来回收。

（2）二氧化碳气提法　气提法也是水溶液全循环流程，采用气提技术可在与合成同等压力下使反应液中大部分未转化的氨和二氧化碳分离出来，并重新返回合成塔。与传统的水溶液全循环法相比，能耗及生产费用明显降低，而且流程简化。因此，各种尿素生产工艺几乎均采用气提法。

二氧化碳气提法工艺流程如图 3-29 所示。从尿素合成塔出来的反应液借助重力流入气提塔。气提塔的结构为降膜列管式，温度维持在 180～190℃，溶液在列管内壁以膜状从塔顶流下，二氧化碳原料气从塔底流入，向上流动。从气提塔出来的氨和二氧化碳流入高压甲铵冷凝器的顶部，同时在顶部还送入液氨和稀甲铵循环液。在高压甲铵冷凝器中，大部分反应物生成甲铵，反应热

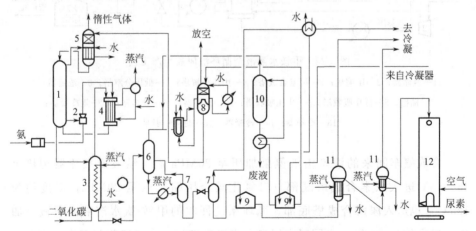

图 3-29　二氧化碳气提法工艺流程

1—尿素合成塔；2—喷射泵；3—气提塔；4—高压甲铵冷凝器；5—洗涤器；6—精馏塔；

7—闪蒸罐；8—吸收器；9—储罐；10—解吸塔；11—蒸发器；12—造粒塔

用以副产低压蒸汽。从高压甲铵冷凝器底部流出的溶液返回尿素合成塔。从气提塔底部流出的溶液，经减压后进入低压分解系统，低压分解系统包括精馏塔、加热器和闪蒸罐。气提塔分离出来的氨和二氧化碳再凝缩成稀甲铵溶液返回高压系统。

从储罐出来的尿素水溶液，经两段蒸发，浓缩至99.7%后送入造粒塔。

四、硝酸铵

硝酸铵简称硝铵，分子式为NH_4NO_3，相对分子质量为80.04，是一种白色晶体。目前，硝酸铵是产量仅次于尿素的氮肥。硝酸铵除作为氮肥外，还可与燃料油结合制成炸药，用于军事、采矿、建筑施工、铁路和公路修建等方面。硝酸铵中的氮以铵态和硝酸态两种形式存在，总含氮量为35%，低于液氨和尿素。硝酸铵的生产方法主要有中和法和转化法。

1. 中和法制硝酸铵

中和法是通过氨气与硝酸进行中和反应制取硝酸铵，反应方程式如下：

$$NH_3 + HNO_3 \Longrightarrow NH_4NO_3 \quad \Delta H = +149.1kJ/mol$$

中和反应是放热反应，反应的热效应与硝酸浓度和反应温度有关。如何充分利用中和反应热制取高浓度硝酸铵或硝酸铵熔融液，并减少氮元素的损失，是生产过程中的关键问题。生产中可采用加压（大于0.15MPa）、常压（小于0.15MPa）或真空的方式进行中和反应。

由于加压中和工艺设备体积小，生产能力大，且消耗定额低，目前世界各国新建的工厂大都采用加压中和工艺。加压中和工艺的操作压力为0.6~0.8MPa，采用55%~60%的硝酸与氨气反应，从中和器出来的浓度为78%的硝酸铵溶液经两次蒸发可浓缩到95%~99%，然后采用塔式喷淋法造粒。

2. 转化法制硝酸铵

在硝酸磷肥生产中，采用稀硝酸分解磷矿制取磷酸和硝酸钙水溶液，其反应方程式为：

$$Ca_5F(PO_4)_3 + 10HNO_3 \Longrightarrow 3H_3PO_4 + 5Ca(NO_3)_2 + HF\uparrow$$

为从溶液中制取二元氮磷复合肥料，需预先除去大部分硝酸钙。通常采用冷却结晶的方法，使硝酸钙以 $Ca(NO_3)_2 \cdot 4H_2O$ 的形式析出，因此副产大量硝酸钙。由于硝酸钙含氮量不高，运输上不经济，工业上多将其用转化法加工成硝酸铵。可用氨气和二氧化碳将其转化，称为气态转化；也可用碳酸铵溶液转化，称为液态转化。

气态转化反应为：

$$Ca(NO_3)_2 + CO_2 + 2NH_3 + H_2O = 2NH_4NO_3 + CaCO_3 \downarrow$$

液态转化反应为：

$$Ca(NO_3)_2 + (NH_4)_2CO_3 = 2NH_4NO_3 + CaCO_3 \downarrow$$

析出的碳酸钙沉淀经过滤分离可作为生产水泥的原料，滤液中主要为硝酸铵，可用通常加工方法制成商品硝酸铵或返回硝酸磷肥生产系统。

液态转化法的典型工艺流程如图 3-30 所示，第二阶段添加碳酸铵溶液对反应过程进行调节。转化温度为 $45 \sim 55^\circ C$，转化后悬浮液中过剩碳酸铵含量保持在 $8 \sim 12g/L$。出转化反应器的溶液经真空过滤机过滤后，再经中和与蒸发，最后进行造粒。

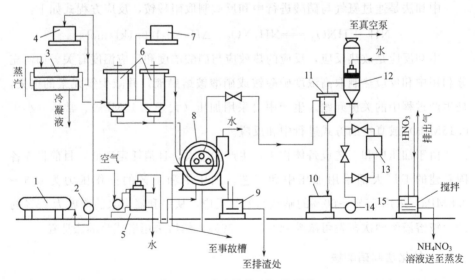

图 3-30　液态转化法工艺流程

1—硝酸钙溶液储槽；2—离心泵；3—预热器；4—硝酸钙溶液高位槽；5—鼓风机；

6—转化反应器；7—碳酸铵溶液高位槽；8—真空过滤机；9—再浆槽；10—硝酸铵

溶液受槽；11—分离器；12—洗涤器；13—压滤机；14—离心泵；15—中和器

第四章

有机化工产品生产

本章介绍芳烃转化、烯烃、乙烯主要衍生品、丙烯主要衍生品、丁二烯及其衍生品的生产工艺。

第一节　芳烃转化及其生产工艺

芳烃是含苯环结构的碳氢化合物的总称。芳烃中的"三苯"❶以及乙苯、异丙苯、十二烷基苯、萘、苯乙烯等是重要的基本有机化工产品，也是重要的有机化工原料，广泛用于合成树脂、合成纤维、合成橡胶等工业，例如生产聚苯乙烯、酚醛树脂、醇酸树脂、聚酯、聚醚、聚酰胺和丁苯橡胶等都是以芳烃作原料的。另外，芳烃也是合成洗涤剂以及农药、医药、染料、香料、助剂和专用化学品等工业的重要原料。

一、芳烃转化反应的类型

1. 主要转化反应及其反应机理

芳烃转化反应主要有异构化、歧化、烷基化、烷基转移和脱烷基化等几类反应。

（1）异构化反应

$$\underset{\text{CH}_3}{\text{(二甲苯)}} \quad \xrightarrow[\text{酸催化剂}]{} \quad \underset{\text{CH}_3}{\text{(二甲苯)}}$$

---

❶　芳烃中的"三苯"：苯、甲苯、二甲苯，简称 BTX。

（2）歧化反应

$$2\ \text{C}_6\text{H}_5\text{CH}_3 \xrightleftharpoons{\text{酸催化剂}} \text{C}_6\text{H}_6 + \text{C}_6\text{H}_4(\text{CH}_3)_2$$

（3）烷基化反应

$$\text{C}_6\text{H}_6(\text{气}) + \text{CH}_2{=}\text{CH}_2 \rightleftharpoons \text{C}_6\text{H}_5\text{C}_2\text{H}_5(\text{气})$$

（4）烷基转移反应

$$\text{C}_6\text{H}_6 + \text{C}_6\text{H}_4(\text{C}_2\text{H}_5)_2 \rightleftharpoons 2\ \text{C}_6\text{H}_5\text{C}_2\text{H}_5$$

（5）脱烷基化反应

$$\text{C}_6\text{H}_5\text{CH}_3 + \text{H}_2 \longrightarrow \text{C}_6\text{H}_6 + \text{CH}_4$$

芳烃转化反应（除脱烷基化反应外）都是在酸性催化剂作用下进行的，具有相同的离子型反应机理（但在特殊条件下，如自由基引发或在高温下也可发生自由基反应）。其反应历程包括烃正离子（R^+）的生成及烃正离子的进一步反应。烃正离子非常活泼，可以参加多方面的竞争，因此造成芳烃转化反应产物的复杂化。不同转化反应之间的竞争，主要取决于烃正离子的寿命以及它在反应中的活性。

2. 催化剂

芳烃转化反应所采用的催化剂有三类。

（1）无机酸 如 H_2SO_4、HF、H_3PO_4 等都是质子酸，可用作芳烃转化的催化剂。它们活性较高，在低温液相条件下即可进行反应。但由于酸的强腐蚀性，目前工业上很少直接使用。

（2）酸性卤化物 如 $AlBr_3$、$AlCl_3$、BF_3 等都具有接受电子对的能力，是路易斯酸。在绝大多数场合下，这类催化剂总是与 HX（氢卤酸）共同使用，可用通式 $HX\text{-}MX_n$ 表示。这类催化剂主要应用于芳烃的烷基化和异构化等反应，反应在较低温度和液相中进行，同样其腐蚀性较大，且 HF 还有较大的毒性。

（3）固体酸　浸附在适当载体上的质子酸，如负载于载体上的 H_2SO_4、HF、H_3PO_4 等，这些酸在固体表面上和在溶液中一样离解成氢离子。常用的是磷酸/硅藻土、磷酸/硅胶催化剂等，主要用于烷基化反应。但活性不如液体酸高。

浸附在适当载体上的酸性卤化物，如负载于载体上的 $AlBr_3$、$AlCl_3$、$FeCl_3$、$ZnCl_2$、BF_3 和 $TiCl_4$ 应用这类催化剂时也必须在催化剂中或在反应物中添加助催化剂 HX。常用的有 $BF_3/\gamma\text{-}Al_2O_3$ 催化剂，用于苯的烷基化制乙苯的反应。混合氧化物催化剂常用的是 $SiO_2\text{-}Al_2O_3$ 催化剂，亦称硅酸铝催化剂，主要应用于异构化和烷基化反应。在不同条件下 $SiO_2\text{-}Al_2O_3$ 催化剂表面存在路易斯酸或（和）质子酸中心。其总酸度随 Al_2O_3 加入量的增加而增加，而其中质子酸的量有最佳值，同时这两种酸的浓度与反应温度有关。在较低温度下（<400℃）主要以质子酸的形式存在，在较高温度下（>400℃）主要以路易斯酸形式存在。这两种形式的酸中心可以相互转化，而在任何温度时的总酸度保持不变。这类催化剂价格便宜，但活性较低，需在高温下进行芳构化反应。

贵金属-二氧化硅-氧化铝催化剂主要是 $Pt/SiO_2\text{-}Al_2O_3$ 催化剂，这类催化剂不仅具有酸功能，也具有加氢脱氢功能，主要用于异构化反应。分子筛催化剂如经改性的 Y 型分子筛、丝光沸石（亦称 M 型分子筛）和 ZSM 系列分子筛，是广泛用于芳烃转化如烷基转移、异构化和烷基化等反应的催化剂。尤以 ZSM-5 分子筛催化性能最好，它不仅具有酸的功能，还具有热稳定性高和选择性好等特殊性能。下文将介绍芳烃异构化制二甲苯的生产工艺流程。

二、C_8 芳烃异构化制备二甲苯生产工艺

C_8 芳烃异构化制备二甲苯工艺流程（图 4-1）为典型的二甲苯异构化工艺流程，主要由三个单元组成，分别是原料准备单元、反应单元和分离单元。主要设备包括加热炉、换热器、异构化反应器、气液分离罐、精馏塔、H_2 压缩机等。

（1）原料准备部分　由于催化剂对水不稳定，当异构化原料中含有水分

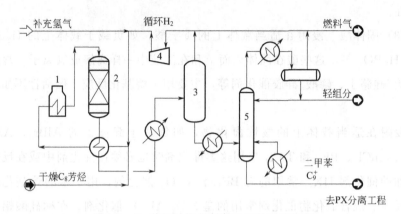

图 4-1　C$_8$ 芳烃异构化制备二甲苯工艺流程

1—加热炉；2—异构化反应器；3—气液分离罐；4—压缩机；5—脱轻组分塔

时，必须先进入脱水塔（图中未画出）进行脱水处理。另外，由于二甲苯与水易形成共沸混合物，故一般采用共沸蒸馏脱水，使其含水的质量分数在 1×10^{-5} 以下。

（2）反应部分　干燥的 C$_8$ 芳烃与新鲜的和系统循环的 H$_2$ 混合后，经换热器、加热炉 1 加热到所需温度后进入异构化反应器 2，反应器为绝热式径向反应器。反应条件为：反应温度 390～440℃，反应压力 1.26～2.06MPa，H$_2$ 的摩尔分数为 70%～80%，循环氢与原料液的摩尔比为 6：1，原料液空速一般是 1.5～2.0h^{-1}。C$_8$ 收率＞96%，异构化产物中的对二甲苯（PX）的含量为 18%～20%（质量分数）。

（3）二甲苯产品分离部分　反应产物经换热后进入气液分离罐 3，H$_2$ 从塔顶排出，大部分 H$_2$ 经过压缩后返回异构化反应器 2 循环使用，为了维持系统内 H$_2$ 浓度在 70%（摩尔分数）以上，少部分从罐顶排出系统。气液分离罐底部排出的液相产物经换热器加热后送至脱轻组分塔 5 脱去反应生成的轻馏分（主要是乙基环己烷、庚烷和少量苯、甲苯等），塔底的二甲苯和反应生成的 C$_9^+$ 重组分送至二甲苯塔除去 C$_9^+$ 重组分，二甲苯馏分则作为 PX 分离的原料。

三、对二甲苯分离工艺

PX 分离是 PX 生产中难度较大的一个环节。由于二甲苯三种异构体的沸点非常接近，使分离非常困难。通常采用的分离工艺包括三塔芳烃精馏流程（也称芳烃精馏工艺流程）以及变压吸附和结晶分离等精确分离工艺，本部分主要介绍其他两种分离方法。

1. 模拟移动床吸附工艺

采用模拟移动床吸附技术的 Parex 工艺自 1971 年被开发使用以来，已经成为国际上生产 PX 的领先技术，到 2006 年已被 88 套装置采用。利用分子筛吸附剂对 PX 具有强亲和力而对其他 C_8 芳烃异构体具有弱吸附性的特性，从 C_8 芳烃中吸附并分离回收 PX。1987 年后设计的所有 Parex 新装置都能生产纯度达 99.9% 的 PX。

Parex 工艺采用经钡离子和钾离子交换的沸石 ADS-27 作为吸附剂，该吸附剂可以允许主要的原料成分进入其孔结构。其吸附室使用了模拟移动床的连续固定床吸附技术，通过移动吸附床的原料和解吸剂入口以及产品出口来实现。

图 4-2 所示为 UOP 公司 Parex 模拟移动床吸附分离工艺流程。混合二甲苯通过旋转阀的分配管线进入装填分子筛的固定床吸附塔，吸附床的移动是通过移动分配器的旋转部件而实现的物理上的模拟。分离在 120～170℃、适中压力下进行。抽出液进入抽提塔回收 PX，解吸剂从塔底流出。来自抽提塔的 PX 在精制塔中用循环甲苯洗涤纯化，由塔底得到高纯的 PX 产品。抽余液送到抽余液蒸馏塔，乙苯、间二甲苯和邻二甲苯从塔顶回收，解吸剂从塔底采出。抽余液蒸馏塔塔顶产品虽然可用作调和汽油原料，但通常是作为一套吸

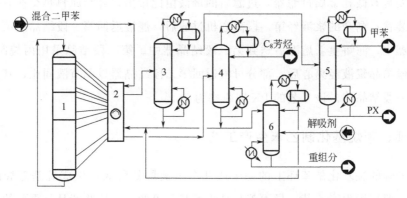

图 4-2　UOP 公司 Parex 模拟移动床吸附分离工艺流程

1—吸附塔；2—旋转阀；3—抽提塔；4—抽余液蒸馏塔；5—精制塔；6—再处理塔

附/异构化一体化装置的异构化反应器的原料。解吸剂（一般是对二乙基苯）送到再处理塔，在该塔中分出一部分重组分杂质，以避免其积累。

2. 结晶分离工艺

Amoco 结晶分离工艺是美国生产 PX 的主要工艺，生产的 PX 占其总生产能力的一半以上，其工艺流程见图 4-3。

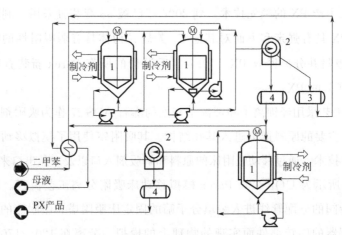

图 4-3　Amoco 结晶分离工艺流程

1—结晶器；2—离心机；3—滤液罐；4—熔化槽

Amoco 工艺的第一段结晶为两台或多台结晶器串联使用，采用乙烯作为制冷剂进行间接制冷，每台结晶器内都装有旋转刮板。在第一段的最后一台结晶器安装有微孔金属过滤器，过滤后的母液由此排出，经与原料热交换后去异构化装置；剩余的浆液经第一段离心机过滤后，滤液返回第一段结晶的第一台结晶器中，滤饼重新熔融后送到第二段结晶器中。第二段结晶采用丙烷制冷，第二段结晶浆液经离心后，部分母液返回第二段结晶器以调节液固比，其余进入第一段结晶器。该工艺的 PX 回收率为 71%。

四、苯烷基化制乙苯生产工艺

芳烃的烷基化是苯环上的一个或几个氢被烷基所取代生成烷基芳烃的反应，主要用于生产乙苯、异丙苯和高级烷基苯等产品，这些产品是重要的有机化工原料。

　　在芳烃的烷基化反应中，以苯的烷基化反应生产乙苯最重要。乙苯的主要用途是其经过脱氢制苯乙烯，苯乙烯是合成聚苯乙烯树脂的重要单体。苯乙烯还可与丁二烯、丙烯腈共聚制 ABS 工程塑料；与丙烯腈共聚合成 AS 树脂；与丁二烯共聚生成乳胶或合成橡胶等。此外，乙苯是生产苯乙酮、乙基蒽醌、硝基苯乙酮、甲基苯基甲酮等的有机中间体。

　　乙苯的工业生产方法主要是烷基化法和分离 C_8 芳烃法，工业上 90% 的乙苯通过烷基化法生产，气相烷基化法生产乙苯的工艺流程由三部分组成，原料预处理部分、烃化部分和分离部分。具体工艺流程如下，如图 4-4 所示为典型的气相烷基化法生产乙苯的工艺流程。以苯和乙烯为原料，在气-固相三段绝热式反应器中进行反应，生产工艺条件为：反应温度 370~425℃，反应压力 1.37~2.74MPa，乙烯的质量空速 3~5h^{-1}，催化剂为 ZSM-5 分子筛。

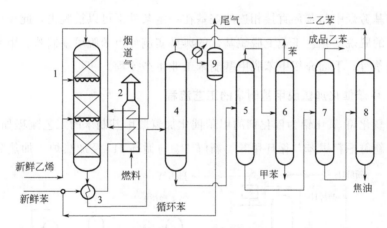

图 4-4　气相烷基化法生产乙苯的工艺流程

1—气-固相三段绝热式反应器；2—加热炉；3—换热器；4—初馏塔；5—苯回收塔；
6—苯、甲苯塔；7—乙苯塔；8—多乙苯塔；9—气液分离器

　　苯进入加热炉 2 汽化并预热至 400~420℃，先与已被加热汽化的二乙苯混合，再与乙烯混合使苯与乙烯的分子数比为 6~7，进入气-固相三段绝热式反应器 1 顶部，它的压力为 1.8MPa 左右。反应后气体经冷却换热进入初馏塔 4，塔顶蒸出轻组分和少量苯，经换热冷凝后进入气液分离器 9，分离后的尾气排空，凝液为循环苯。初馏塔釜液进入苯回收塔 5，塔顶馏出液进入苯、甲苯塔 6，从塔顶得到的苯循环使用，甲苯作为副产品从塔釜引出。苯回收塔的

塔釜物料进入乙苯塔 7，在乙苯塔顶即可得到产品乙苯，塔釜液送入多乙苯塔 8。多乙苯塔在减压下操作，塔顶为二乙苯返回气-固相三段绝热式反应器，塔釜为焦油等重组分。

该方法的优点是：①反应温度和压力较低，无腐蚀、无污染；②尾气及多乙苯塔釜重组分可作燃料；③乙苯收率高达 99.3%；④催化剂价廉，使用寿命超过 2 年；⑤生产成本低，设备投资少，不需要特殊合金钢设备，用低铬合金钢即可。最主要的缺点是苯和乙烯的原料配比高达 6~7，分子筛易结焦，须在 570℃和 1.05MPa 下频繁再生。所以为使生产能够连续进行，烷基化反应器设置两台，一开一备，催化剂采用器外再生。

五、甲苯脱甲基制苯

烷基芳烃中与苯环直接相连的烷基在一定条件下可以被脱去，此类反应称为芳烃的脱烷基化。工业上脱烷基化的典型实例如甲苯脱甲基制苯、甲基萘脱甲基制萘等。下面介绍甲苯脱甲基制苯工业生产流程。

1. 甲苯催化加氢脱甲基制苯的工艺流程

以氧化铬-氧化铝为催化剂的甲苯催化加氢脱甲基制苯的工艺流程如图 4-5 所示。新鲜原料甲苯与循环甲苯、新鲜 H_2 与循环 H_2 经加热炉 1 加热到所需

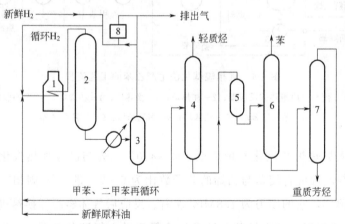

图 4-5　甲苯催化加氢脱甲基制苯工艺流程

1—加热炉；2—反应器；3—闪蒸分离器；4—稳定塔；5—白土塔；

6—苯精馏塔；7—再循环塔；8—H_2 提浓装置

温度后进入反应器 2，从反应器出来的气体产物经冷却、冷凝，气液混合物一起进入闪蒸分离器 3，分出的 H_2 一部分直接返回反应器，另一部分中除一小部分排出作燃料外，其余送到 H_2 提浓装置 8 除去轻质烃，提高浓度后再返回反应器使用。液体芳烃经稳定塔 4 去除轻质烃和白土塔 5 脱去烯烃后送至苯精馏塔 6，塔顶得产品苯，塔釜重馏分送再循环塔 7，塔顶蒸出未转化的甲苯再返回反应器，塔釜的重质芳烃排出系统。该流程采用绝热式反应器，为了保持一定的反应温度也可采用两个反应器串联。

2. 甲苯加氢热脱甲基制苯工艺流程

甲苯在 600℃ 以上，氢压在 4MPa 以上时，可以发生加氢热脱甲基反应，其工艺流程如图 4-6 所示。反应条件为：反应温度 700～800℃，液空速 3～6h^{-1}，氢/甲苯（物质的量）3～5，压力 3.98～5.0MPa，接触时间 60s。原料甲苯、循环芳烃和 H_2 混合，经换热后进入加热炉，加热至接近热脱烷基所需温度后进入反应器，由于加氢及氢解副反应的发生，反应热很大，为了控制所需反应温度，可向反应区喷入冷氢和甲苯。反应产物经废热锅炉、换热器进行能量回收后，再经冷却、分离、稳定和白土处理，最后分馏得到产品苯，纯度大于 99.9％（质量分数），苯收率为理论值的 96％～100％。未转化的甲苯和其他芳烃经再循环塔分出后循环回反应器。

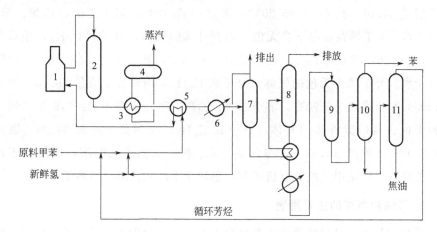

图 4-6　甲苯加氢热脱甲基制苯工艺流程

1—加热炉；2—反应器；3—废热锅炉；4—汽包；5—换热器；6—冷却器；

7—分离器；8—稳定塔；9—白土塔；10—苯精馏塔；11—再循环塔

第二节　烯烃及其生产工艺

在自然界中并不存在天然的烯烃，但可以从石油、天然气、煤以及其他原料中制取。乙烯是结构最简单、相对分子质量最小的烯烃。在低级不饱和烃中，以乙烯为最重要，产量也最大，乙烯产量常作为衡量一个国家基本有机化学工业发展水平的标志。乙烯、丙烯和丁烯等小分子烯烃具有双键，化学性质活泼，能与许多物质发生氧化、卤化、烷基化、水合等反应，生成一系列有重要工业价值的产物，是基本有机化学工业和高分子聚合物的重要原材料，用途非常广泛。

一、烯烃的性质和用途

1. 乙烯及其他烯烃的性质

乙烯是一种无色、略带烃类特有臭味的气体，分子式 C_2H_4，相对分子质量 28.05，熔点 $-169.15℃$，沸点 $-103.71℃$，溶于乙醚、丙酮、苯，略溶于乙醇，几乎不溶于水。丙烯为无色、略带芳香味的气体，分子式 C_3H_6，相对分子质量 42.08，熔点 $-185.20℃$，沸点 $-47.70℃$，溶于乙醚、乙醇、苯，微溶于水。1-丁烯在常温下为无色、稍有臭味的气体，分子式 C_4H_8，相对分子质量 56.10，熔点 $-185.35℃$，沸点 $-6.25℃$，易溶于醚、醇、苯等溶剂，不溶于水。异丁烯为无色的气体，分子式 C_4H_8，相对分子质量 56.10，熔点 $-140.34℃$，沸点 $-6.90℃$，溶于乙醚、乙醇、苯，不溶于水。1,3-丁二烯是一种无色、略带芳香味的气体，分子式 C_4H_6，相对分子质量 54.09，熔点 $-108.92℃$，沸点 $-4.41℃$，与丙酮、苯、醚、二氯乙烷混溶，极易溶于乙腈、糠醛、二甲基甲酰胺等有机溶剂，稍溶于甲醇和乙醇，微溶于水。

2. 乙烯和丙烯的主要用途

低相对分子质量烯烃是基本有机化工产品生产的重要原料。乙烯可用于生产氯乙烯、乙醇、乙醛、乙酸、环氧乙烷、乙二醇、乙苯和苯乙烯等，也可用作水果和蔬菜的催熟剂。丙烯可制丙烯腈、异丙醇、苯酚、丙酮、丁醇、辛醇、丙烯酸及其酯类，以及制环氧丙烷、丙二醇、环氧氯丙烷和合成甘油等。
正丁烯主要用于丁二烯的生产，其余用于生产顺丁烯二酸酐、仲丁醇、庚烯、
聚丁烯、乙酐等。

低相对分子质量烯烃是重要的聚合物单体，能与多种化合物共聚制造各种
合成纤维、合成橡胶、合成塑料、表面活性剂和炸药等，如聚乙烯、聚丙烯、
丁苯橡胶、顺丁橡胶、丁腈橡胶、氯丁橡胶及 ABS 树脂等。

二、烃类热裂解

烃类热裂解的主要目的是生产乙烯，产量也最大，同时可得丙烯、丁二
烯、苯、甲苯和二甲苯等产品，所以烃类热裂解是有机化学工业获取基本原料
的主要手段。烃类热裂解过程得到的含有乙烯、丙烯等组分的气态产品称为裂
解气，液态产品有轻柴油和燃料油。

1. 烃类热裂解的原料

裂解原料的来源主要有两个方面：一是天然气加工厂或炼气厂的轻烃，如
乙烷、丙烷、丁烷等；二是炼油厂加工的石油馏分油产品，如石脑油、柴油、
重油等，以及炼油厂二次加工油，如加氢焦化汽油、加氢裂化尾油等。

2. 裂解工艺流程

裂解工艺流程很多，如 SRT 型裂解工艺流程、斯通-韦伯斯特法裂解工艺
流程、三菱倒梯台炉裂解工艺流程等。所有裂解工艺流程都包括原料油供给和
预热系统、裂解和高压水蒸气系统、急冷油和燃料油系统、急冷水和稀释水蒸
气系统。以图 4-7 轻柴油裂解工艺流程加以说明。

（1）原料油供给和预热系统　原料油从贮罐 1 经换热器 3 和 4 与过热的急
冷水和急冷油热交换后进入裂解炉的预热段。原料油供给必须保持连续、稳
定，否则直接影响裂解操作的稳定性，甚至有损毁炉管的危险。因此，原料油
泵须有备用泵及自动切换装置。

（2）裂解和高压蒸汽系统　预热过的原料油进入对流段初步预热后与稀释
蒸汽混合，再进入裂解炉的第二预热段预热到一定温度，然后进入裂解炉 5 进
行裂解。炉管出口的高温裂解气迅速进入急冷换热器 6 中，使裂解反应很快终
止。急冷换热器的给水先在对流段预热并局部汽化后送入高压汽包 7，靠自然

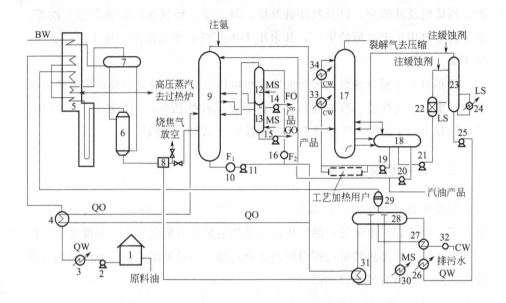

图 4-7　轻柴油裂解工艺流程

1—原料油贮罐；2—原料油泵；3,4—原料油换热器；5—裂解炉；6—急冷换热器；7—高压汽包；
8—油急冷器；9—油洗塔；10—急冷油过滤器；11—急冷油循环泵；12—燃料油汽提塔；13—裂解
轻柴油汽提塔；14—燃料油输送泵；15—裂解轻柴油输送泵；16—燃料油过滤器；17—水洗塔；
18—油水分离器；19—急冷水循环泵；20—汽油回流泵；21—工艺水泵；22—工艺水过滤器；23—
工艺水汽提塔；24—再沸器；25—稀释蒸汽发生器给水泵；26,27—预热器；28—稀释蒸汽发生器
汽包；29—气液分离器；30—中压蒸汽加热器；31—急冷油换热器；32—排污水冷却器；33,34—
急冷水换热器；QW—急冷水；CW—冷却水；MS—中压水蒸气；LS—低压水蒸气；QO—急冷油；
BW—锅炉给水；GO—裂解轻柴油；FO—重质燃料油

对流流入急冷换热器 6 中，产生 11MPa 的高压水蒸气，从汽包送出的高压水蒸气进入裂解炉预热段过热，过热至 470℃后供压缩机的蒸汽透平使用。

　　（3）急冷油和燃料油系统　从急冷换热器 6 出来的裂解气再去油急冷器 8 中，用急冷油直接喷淋冷却，然后与急冷油一起进入油洗塔 9，塔顶出来的气体为氢、气态烃和裂解汽油以及稀释水蒸气和酸性气体。

　　裂解轻柴油从油洗塔 9 的侧线采出，经裂解轻柴油汽提塔 13 汽提其中的轻组分后，作为裂解轻柴油产品。裂解轻柴油含有大量的烷基萘，常称为制萘馏分。自油洗塔釜采出的重质燃料油，一部分经燃料油汽提塔 12 汽提出其中

的轻组分后，作为重质燃料油产品送出，大部分则作为循环急冷油使用。循环急冷油分两股进行冷却，一股用来预热原料轻柴油之后，返回油洗塔作为塔的中段回流；另一股用来发生低压稀释蒸汽。急冷油本身被冷却后循环送至急冷油换热器 31 作为急冷介质，对裂解气进行冷却。

急冷油系统常会出现结焦堵塞而危及装置的稳定运转，结焦产生原因有二：一是急冷油与裂解气接触后超过 300℃时不稳定，会逐步缩聚成易于结焦的聚合物；二是不可避免地由裂解管、急冷换热器带来焦粒。因此在急冷油系统内设置 6mm 滤网的急冷油过滤器 10，并在急冷器油喷嘴前设较大孔径的滤网和燃料油过滤器 16。

（4）急冷水和稀释水蒸气系统　裂解气在油洗塔 9 中脱除重质燃料油和裂解轻柴油后，由塔顶采出进入水洗塔 17，此塔的塔顶和中段用急冷水喷淋，使裂解气冷却，其中一部分的稀释水蒸气和裂解汽油就被冷凝下来。冷凝下来的油水混合物由塔釜引至油水分离器 18，分离出的水一部分供工艺加热用，冷却后的水再经急冷水换热器 33 和 34 冷却后，分别作为水洗塔 17 的塔顶和中段回流，此部分的水称为急冷循环水，另一部分相当于稀释水蒸气的水量，由工艺水泵 21 经工艺水过滤器 22 送入工艺水汽提塔 23，将工艺水中的轻烃汽提回水洗塔 17，保证塔釜中含油少于 $100\mu g/g$。此工艺水由稀释蒸汽发生器给水泵 25 送入稀释蒸汽发生器汽包 28，再分别由中压蒸汽加热器 30 和急冷油换热器 31 加热汽化产生稀释水蒸气，经气液分离器 29 分离后再送入裂解炉。这种稀释水蒸气循环使用系统，节约了新鲜的锅炉给水，也减少了污水的排放量。

油水分离器 18 分离出的汽油，一部分由汽油回流泵 20 送至油洗塔 9 作为塔顶回流而循环使用，另一部分从裂解中分离出的裂解汽油作为产品送出。经脱除绝大部分水蒸气和裂解汽油的裂解气温度约为 40℃，送至裂解气深冷分离的压缩系统。

三、裂解气的净化与分离

裂解气是含有氢和各种烃类（已脱除大部分 C_5 以上的液态烃）的复杂混合物，还含有少量硫化氢、二氧化碳、乙炔、丙二烯和水蒸气等杂质。裂解气的净化与分离的目的是除去裂解气中有害杂质，分离出单一烯烃或烃的馏分，为基本有机化学工业和高分子化学工业等提供原料。

1. 裂解气的净化与压缩

裂解气中含有的少量杂质，一是原料中带来的，二是裂解反应过程生成的，三是裂解气处理过程引入的。这些杂质的含量虽不大，但对深冷分离过程是有害的。而且这些杂质进入乙烯、丙烯产品，会使产品达不到规定的标准。因此，在分离前必须先进行净化和干燥脱除这些杂质。

（1）酸性气体的脱除　裂解气中的酸性气体主要是指 CO_2 和 H_2S，此外还有少量有机硫化物，如氧硫化碳、二硫化碳（CS_2）、硫醚（RSR'）、硫醇（RSH'）、噻吩等，可以在脱酸性气体操作过程中脱除。

这些酸性气体含量过多时，对分离过程会带来危害。H_2S 能腐蚀设备管道，使干燥用的分子筛寿命缩短，还能使加氢脱炔用的催化剂中毒；CO_2 则在深冷操作中会结成干冰，堵塞设备和管道，影响正常生产。

工业上用化学吸收方法，采用适当的吸收剂来洗涤裂解气，可同时除去 H_2S 和 CO_2 等酸性气体。吸收过程是在吸收塔内进行。吸收剂要求 H_2S 和 CO_2 的溶解度大，反应性能强，而对裂解气中的乙烯、丙烯的溶解度小，不起反应；在操作条件下蒸气压低，稳定性高；黏度和腐蚀性小，来源丰富，价格便宜。工业上已采用的吸收剂有 NaOH 溶液、乙醇胺溶液、N-甲基吡咯烷酮等，具体选用何种吸收剂要根据裂解气中酸性气体含量多少、净化要求程度、酸性气体是否回收等条件来确定。

管式炉裂解气中一般 H_2S 和 CO_2 含量较低，多采用 NaOH 溶液洗涤法，简称碱洗法。如果裂解气中含硫较高时，因碱液不能回收，耗碱量太大，可考虑先用乙醇胺作吸收剂脱除大部分硫，吸收剂可以再生，再进一步用碱洗法脱除残余的硫，称为胺-碱联合洗涤法。

（2）脱水

① 分子筛脱水原理　分子筛是人工合成的具有稳定骨架结构的多水合硅铝酸盐晶体，具有许多相同大小的孔洞和内表面很大的孔穴，可筛分不同大小的分子。其化学通式如下：

$$Me_{x/n}\left[(AlO_2)_x(SiO_2)_y\right] \cdot m\,H_2O$$

式中，Me 为阳离子，主要是 Na^+、Ca^{2+} 和 K^+；x/n 为可交换的阳离子数；n 为阳离子价数；m 为水分子数。

分子筛脱水效率高，使用寿命长，工业上已广泛使用。用分子筛脱除裂解气体中微量水，比硅胶或活性氧化铝的脱水效率高数倍。这是由于分子筛的比表面积大于一般吸附剂。但是在相对湿度较高时，活性氧化铝和硅胶的吸附水容量都大于分子筛。故有的脱水流程是采用活性氧化铝与分子筛串联，含水分气体先进入活性氧化铝干燥器，然后进入分子筛干燥器脱除残余水分。

裂解气脱水常用的是 A 型分子筛，A 型分子筛的孔径大小比较均匀，它只能吸附小于其孔径的分子，有较强的吸附选择性。例如，4A 分子筛能吸附水和乙烷分子，而 3A 分子筛只吸附水而不吸附乙烷分子，所以裂解气、乙烯馏分以及丙烯馏分脱水用 3A 分子筛比用 4A 分子筛好。此外分子筛是一种离子型极性吸附剂，它对于极性分子特别是水分子有极大的亲和力，易于吸附。H_2、CH_4 是非极性分子，所以虽能通过分子筛的孔口进入空穴但不易吸附，仍可以从分子筛孔口逸出。

分子筛吸附水蒸气的容量对温度变化很敏感。分子筛吸附水是放热过程，所以低温有利于放热的吸附过程，高温则有利于吸热的脱附过程。温度低时水的平衡吸附容量高，温度高时水的平衡吸附容量低。因此，在常温下，进行吸附脱水使裂解气得到深度干燥。分子筛吸附水分以后，可以将氮气或甲烷、氢气加热后作为分子筛的再生载气，这是因为 N_2、H_2、CH_4 等分子较小，可以进入分子筛的孔穴内，又是非极性分子，不会被吸附，而能降低水蒸气在分子筛表面上的分压，起到携带水蒸气的作用。在温度高于 80℃ 时就开始有较好的再生效果。

② 分子筛脱水与再生流程　图 4-8 所示是分子筛脱水与再生流程。裂解气干燥用 3A 分子筛作吸附剂，采用两台干燥器，其中一台进行脱水干燥，另一台再生或备用。湿裂解气自上而下通过分子筛床层，干燥过程是在常温下进行的，干燥后的气体从干燥器底部送出。分子筛经过一段时间会逐渐接近或达到平衡吸附量，这时必须进行再生。分子筛再生操作很重要，它关系到分子筛的活性和使用寿命。分子筛的再生一般分为排液、泄压、预热、逆流再生和并流冷却几个步骤，再生温度保持在 250℃ 左右进行。

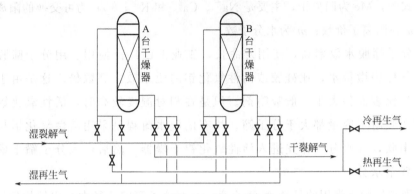

图 4-8　分子筛脱水与再生流程

（3）脱炔　裂解气中含有少量乙炔、丙炔和丙二烯等，它们是在裂解过程中生成的。其中乙炔含量一般为 $(2\sim7)\times10^{-3}$（体积分数），丙炔含量一般为 $(1\sim1.5)\times10^{-3}$（体积分数），丙二烯含量一般为 $(6\sim10)\times10^{-4}$（体积分数）。少量炔烃的存在严重影响乙烯产品、丙烯产品的质量和用途，恶化乙烯聚合物的性能，使合成或聚合催化剂中毒。工业上脱炔主要采用催化加氢法，少数采用溶剂（丙酮、二甲基甲酰胺和 N-甲基吡咯烷酮等）吸收法。此处介绍催化加氢法，碳二馏分催化加氢脱乙炔原理如下：从化学平衡分析，乙炔加氢反应在热力学上是很有利的，几乎可以接近全部转化。要使乙炔选择性加氢为乙烯，必须采用选择性良好的催化剂。目前大多采用钴（Co）、镍（Ni）、钯（Pd）作乙炔加氢催化剂的活性组分，用铁（Fe）和银（Ag）作助催化剂，用分子筛或 a-A1203 作载体。在这些催化剂上乙炔的吸附能力比乙烯强，能进行选择性加氢。

乙炔的加氢反应如下：

$$C_2H_2+H_2 =\!=\!= C_2H_4 \tag{4-1}$$

催化加氢脱乙炔时可能发生的副反应有乙烯加氢生成乙烷的反应、乙炔聚合生成液体产物即绿油和乙炔分解生成碳和氢：

$$C_2H_2+2H_2 =\!=\!= C_2H_6 \tag{4-2}$$

$$C_2H_2 =\!=\!= 2C+H_2 \tag{4-3}$$

$$nC_2H_2 \longrightarrow 绿油 \tag{4-4}$$

反应温度高时，有利于上述这些副反应的发生。H_2/C_2H_2 摩尔比大，有利于乙烯生成乙烷的反应；摩尔比小时则有利于乙炔的聚合，有较多绿油生成。加氢脱乙炔流程如图 4-9 所示。

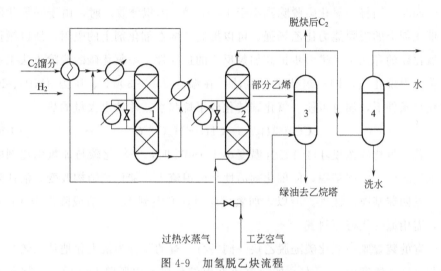

图 4-9　加氢脱乙炔流程

1—加氢反应器；2—再生反应器；3—绿油洗涤塔；4—再生气洗涤塔

在乙炔加氢过程中，有乙炔聚合反应和分解生炭反应发生，这些聚合物和炭沉积在催化剂表面上，降低了催化剂的活性，因此反应器要定期再生。

碳二加氢采用气相产品加氢，加氢产品要求乙炔含量小于 $5mL/m^3$。从绿油去乙烷塔来的气相碳二馏分与加氢后的出料换热，再与氢气按流量比例混合，送入碳二加氢反应器的反应床层进行加氢。加氢反应器分为二段，段间用冷却水进行冷却。加氢反应器为一开一备，用过热蒸汽和空气的混合物对催化剂进行再生。经过两段加氢后，乙炔含量合格的碳二馏分冷却到 $-18℃$ 送入绿油分离罐，在此用乙烯产品泵打出的部分乙烯产品进行洗涤，以清除碳二馏分中的绿油，洗涤下来的绿油经绿油泵送回绿油去乙烷塔回流中，并最终进入粗裂解汽油产品中。洗涤后的气相碳二馏分经碳二干燥器干燥后进入乙烯精馏塔。

（4）脱一氧化碳　裂解炉管中的焦炭以及乙烷与稀释水蒸气作用能够产生一氧化碳。因此，从裂解气中分离出的氢气中含有少量一氧化碳，一般含量在 $0.4\%\sim0.8\%$（体积分数）。若用这样的氢气进行乙炔催化加氢反应，由于一氧化碳含量过高会使加氢催化剂中毒，一般要求一氧化碳含量不大于 $3\mu g/g$；

烯烃中含有少量一氧化碳时，会影响烯烃聚合物性质，要求一氧化碳在乙烯产品中体积分数低于 5×10^{-6}。

同时，当将一氧化碳脱除到小于 1×10^{-5}（体积分数）时，由于一氧化碳在催化剂上的吸附能力比乙烯强，可以抑制乙烯在催化剂上的吸附，所以微量一氧化碳的存在又可进一步提高加氢反应的选择性。一氧化碳的脱除方法工业上称为甲烷化法，即一氧化碳加氢法。在温度 $250\sim300℃$、压力 3MPa、Ni 催化剂条件下，加氢可使一氧化碳转化成甲烷和水，并放出大量的热。

$$CO+3H_2 \xrightarrow{\quad\quad} CH_4+H_2O+Q \tag{4-5}$$

若一氧化碳浓度小于 1% 且温度小于 150℃ 时，一氧化碳与加氢催化剂中的镍反应产生四羰基镍，使催化剂活性组分镍流失，催化剂结构改变，活性降低，且四羰基镍毒性大。所以，加氢反应时，升温到 150℃ 前或降温至 150℃ 后，需用氮气代替原料气。

有的装置脱一氧化碳随脱乙炔一同进行。有的装置为最大化地从乙烯装置回收氢气，纯度为 92% 左右的氢气流在甲烷化单元内脱除 CO 后，一部分去炼油厂 PSA 装置进一步提纯，另一部分可用于装置内 C_2、C_3 加氢单元及汽油加氢单元。

（5）裂解气的压缩与冷冻　裂解气中许多组分在常压下都是气体，其沸点都很低。如果裂解气在常压下进行各组分的冷凝分离，则分离温度很低，需要消耗大量冷量，因此裂解气的分离要在适宜的压力、温度下进行。工业上设置裂解气压缩机将低压裂解气加压，使其达到深冷分离所需要的压力。设置乙烯制冷压缩机和丙烯制冷压缩机可提高循环制冷剂（乙烯和丙烯）的压力，使其能在较高温度下冷凝，然后进行节流膨胀，在较低温度下汽化，通过换热使裂解气降低到所需要的温度。

① 裂解气的压缩工艺流程　将略高于大气压的裂解气压缩到深冷分离所要求的压力，是裂解气压缩的主要目的。大规模乙烯生产厂都是采用离心式裂解气压缩机。为了节省能量，降低压缩消耗功，压缩比一般控制在 $2\sim3$ 之间。气体压缩采用多段压缩，一般为 $4\sim5$ 段，段与段间设置中间冷却器，避免裂解气经压缩因压力提高和温度上升引起其中二烯烃的聚合，须控制每段压缩后气体温度不高于 100℃。另外压缩机采用多段压缩也便于在压缩段之间进行裂解气的净化与分离，例如脱酸性气体，脱水和重组分等。由于裂解炉的急冷换

热器（又称废热锅炉）副产高压水蒸气，因此离心式压缩机多采用蒸汽透平驱动，达到能量合理利用。

　　a. 裂解气压缩机的压力控制　Ⅰ段吸入压力裂解气压缩机运行控制的主要对象，应当努力靠近其控制指标 0.03～0.06MPa。裂解炉的切入切出、装置负荷的改变、高压蒸汽条件的变化、冷却水温度的变化、压缩机Ⅳ段后系统的状态都会影响它的稳定。在Ⅰ段吸入压力发生变化时，可以调节进入透平的高压蒸汽量，从而调节压缩机的转数。随着吸入压力的升高，透平转数也应相应增加。

　　图 4-10 和图 4-11 分别是顺序分离流程的压缩工艺流程和前脱丙烷分离流程的压缩工艺流程。正常运行期间两台压缩机Ⅳ段出口压力是由深冷系统出口氢气压力控制的。为了保证后面分离系统的正常运行，其应当稳定在（3.45±0.10）MPa，在Ⅳ段出口压力超高或偏低时，除对本系统做全面检查外，还应与冷分离岗位联系，查看冷分离及甲烷化系统操作是否正常，并做相应调整。装置负荷和压缩机的转数同样影响压缩机的出口压力。如果压力超过 3.55MPa，则自动地将Ⅳ段出口气体排出。

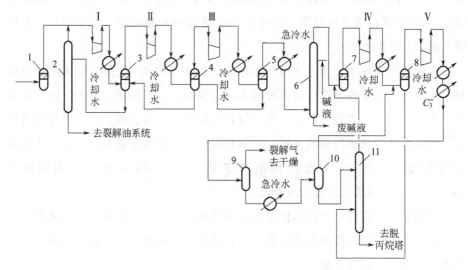

图 4-10　顺序分离流程的压缩工艺流程

1—Ⅰ段入口分离罐；2—汽油闪蒸塔；3—Ⅰ段出口分离罐；4—Ⅱ段出口分离罐；

5—Ⅲ段出口分离罐；6—碱洗塔；7—Ⅳ段入口分离罐；8—Ⅳ段出口分离罐；

9—Ⅴ段出口分离罐；10—凝液闪蒸罐；11—凝液汽提塔

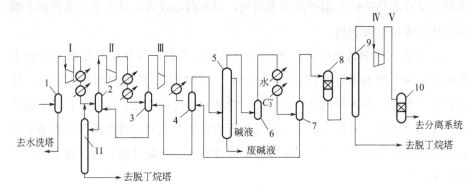

图 4-11 前脱丙烷分离流程的压缩工艺流程图

1—Ⅰ段入口分离罐；2—Ⅱ段入口分离罐；3—Ⅱ段出口分离罐；4—Ⅲ段出口分离罐；

5—碱洗塔；6—碱洗塔出口气体分离罐；7—低压干燥入口分离罐；8—低压分子

筛干燥器；9—脱丙烷塔；10—高压分子筛干燥器；11—汽油汽提塔

b. 裂解气压缩机的温度控制 裂解气压缩机的Ⅰ段吸入温度是由水洗塔的顶温控制的，正常范围应为（36±4）℃。裂解气压缩机各段间吸入温度，是由进入段间冷却器的冷却水量调节的。正常范围如下：Ⅰ段吸入温度为（42±3）℃；Ⅱ段吸入温度为（25±2）℃；Ⅲ段吸入温度为（25±2）℃；Ⅳ段吸入温度为（25±2）℃。

各段排出温度是由吸入温度、压缩比、裂解气组成决定的。如果出口温度超高，对转子和缸体等部位的热膨胀不利，加剧转子的振动。另外，由于裂解气中含有少量的双烯烃、炔烃，当超过排气温度的设计值时，这些组分聚合成垢，对压缩机长期运行构成威胁。压缩机各段出口温度正常范围如下：Ⅰ段排出温度为（80±3）℃；Ⅱ段排出温度为（80±3）℃；Ⅲ段排出温度为（80±3）℃；Ⅳ段排出温度为（80±3）℃。

压缩机各段缸体分别注入低压段透平冷凝水，对降低各段出口温度有一定的作用。如果某段的排出温度较低，并且其出口缓冲罐的液位持续偏高，则说明注水量偏大，需要调整。

c. 液面控制 裂解气在压缩前，必须先在吸入罐内进行气液分离。离心式压缩机不允许液相进入机体，进行压缩。压缩机各段吸入罐均设有液面超高报警和停车联锁。裂解气压缩机由于Ⅰ段吸入罐、Ⅱ段吸入罐、Ⅳ段吸入罐的液位超高触碰联锁开关而造成停车是压缩机所有停车事故当中发生概率较高的。另外，还要防止由于液面过低产生的窜压现象。

② 制冷　裂解气经压缩达到深冷分离（主要是脱甲烷塔）所要求的压力后，还要为脱甲烷塔提供$-136\sim-100$℃的低温冷剂，并为其他分离塔提供不同温度级位的冷剂，使能量得到合理应用。制冷的基本原理是：将低压低温的制冷剂气体压缩，用提高压力的办法提高其冷凝温度；使其在较高的压力和温度下冷凝，所放出的液化潜热传给"高温物质"；冷凝后的液态制冷剂经节流膨胀，产生低压低温的饱和液体；将低压低温的液态制冷剂汽化，从被冷却的"低温物质"中吸收汽化潜热，产生制冷效果，以实现将热量由低温物质向高温物质传递的目的。

制冷温度不仅取决于压力，还要由冷冻剂的物理化学性质决定，所以选择适当的冷冻剂是很重要的。

工业上常用的冷冻剂有氨、丙烯、丙烷、乙烯、乙烷和甲烷。由于甲烷、乙烯和丙烯是深冷分离的产物，用它们作冷冻剂，可以就地取材。工业生产为安全起见，使冷冻剂在正压下进行制冷，避免制冷系统中漏入空气引起爆炸的危险，这样各种冷冻剂的沸点就决定了它的最低蒸发温度，要获得低温就必须采用沸点低的冷冻剂。利用乙烯在正压下可以获得-100℃低温，若要获得更低的温度，可以采用甲烷作冷冻剂。

欲获得低温的冷量，而又不希望冷冻剂在负压下蒸发，则需要采用常压下沸点很低的物质为冷冻剂，但这类物质临界温度也很低，不可能在加压的情况下用水冷却使之冷凝。为了获得-100℃温度级位的冷量，需用乙烯作为冷冻剂，但是乙烯的临界温度为9.7℃，低于冷却水的温度。用液态丙烯作为使乙烯冷凝的冷冻剂较为合适，因此要设置乙烯丙烯复叠制冷系统，如图 4-12 所示。乙烯气体冷凝过程向液体丙烯排热，丙烯气体冷凝过程向冷却水排热，这样丙烯的制冷循环系统就和乙烯的制冷循环系统复叠起来，构成复叠制冷系统（或称串级制冷系统）。复叠制冷循环中水向丙烯制冷，丙烯向乙烯制冷，乙烯向-100℃冷量用户制冷。

2. 裂解气深冷分离

裂解气各组分分离的先后，在不违反其组分沸点的顺序下，是可以采用多

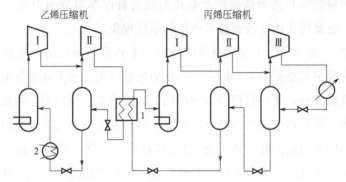

图 4-12 乙烯丙烯复叠制冷流程

1—换热器；2—冷量用户

种排列方法分离的。裂解气深冷分离流程主要有三大代表性流程：顺序分离流程（俗称 123 流程）、前脱乙烷流程（俗称 213 流程）和前脱丙烷流程（俗称 312 流程）。深冷分离流程如下。

（1）顺序分离流程 顺序分离流程是裂解气经过压缩、净化后，各组分按碳原子数的顺序从低到高依次分离。该流程技术成熟、运转周期长、稳定性好，对不同组成的裂解气适应性强，目前国内外乙烯工业上广泛采用顺序分离流程。前脱氢（前冷）后加氢顺序深冷分离流程如图 4-13 所示。

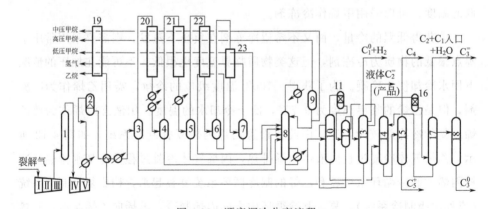

图 4-13 顺序深冷分离流程

1—碱洗塔；2—干燥器；3~7—气液分离罐；8—脱甲烷塔；9—回流罐；10—脱乙烷塔；
11—加氢脱炔反应器；12—绿油洗涤器；13—乙烯精馏塔；14—脱丙烷塔；15—脱丁烷塔；
16—加氢反应器；17—C_3 绿油塔；18—丙烯精馏塔；19~23—板式换热器

（2）前脱乙烷深冷分离流程　前脱乙烷深冷分离流程是裂解气经过压缩、净化后，将裂解气先分为氢气和 $C_1\sim C_2$ 烃及其他重组分两部分，然后逐个分离，后脱氢（后冷）前加氢脱炔前脱乙烷深冷分离流程见图 4-14。

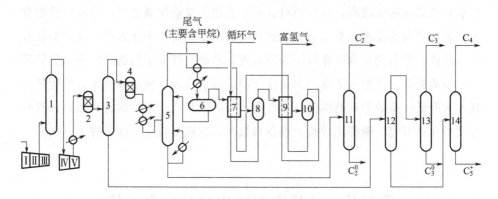

图 4-14　前脱乙烷深冷分离流程

1—碱洗塔；2—干燥器；3—脱乙烷塔；4—加氢反应器；5—脱甲烷塔；6—回流罐；

7—冷箱；8—气液分离罐；9—第二冷箱；10—气液分离罐；11—乙烯精馏塔；

12—脱丙烷塔；13—丙烯精馏塔；14—脱丁烷塔

（3）前脱丙烷深冷分离流程　前脱丙烷深冷分离流程是裂解气经过压缩、净化后，先分出氢气和 $C_1\sim C_3$ 烃及其他重组分两部分，然后分别按碳原子数由少到多依次分离，前脱氢（前冷）前加氢脱炔前脱丙烷深冷分离流程见图 4-15。

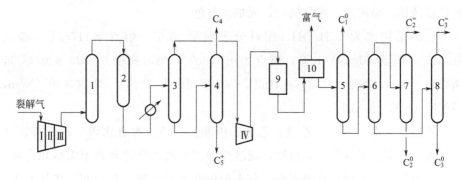

图 4-15　前脱丙烷深冷分离流程

1—碱洗塔；2—干燥器；3—脱丙烷塔；4—脱丁烷塔；5—脱甲烷塔；

6—脱乙烷塔；7—乙烯精馏塔；8—丙烯精馏塔；9—加氢反应器；10—冷箱罐

综上所述，乙烯技术发展到今天，已经是一门成熟的技术，上述三种分离流程都能连续稳定运转，都是经过生产实践检验的技术。

有些专利商认为，应依裂解原料的不同，采用不同的流程，气体原料宜采用前脱乙烷前加氢流程，液体原料宜采用前脱丙烷前加氢流程。在流程的细节上，各专利商的技术水平还是有差别的。有的专利商几十年来对主流程都没有什么改进，但有的专利商在顺序分离流程的基础上开发了前脱丙烷前加氢的第二代分离流程，并加入了急冷油黏度控制、渐进分离、热泵等技术，使能量消耗显著降低。有的专利商注重减少投资，分离流程比较短，设备台数少；有的专利商注重节能，流程比较长，设备台数多；在选择时应根据条件予以权衡。

第三节　乙烯主要衍生产品生产工艺

乙醇、乙醛、环氧乙烷、乙二醇、聚乙烯这几种物质在工业、农业中都有一定的应用，本节介绍乙醇、乙醛、环氧乙烷、乙二醇、聚乙烯的生产工艺。

一、乙醇

1. 乙醇的性质和用途

（1）乙醇的性质　乙醇俗称酒精，是一种具有香味、刺激性的辛辣味的无色透明液体，易挥发，极易燃烧，火焰淡蓝色。

乙醇结构式为 C_2H_5OH，相对分子质量 46.07。熔点 $-117.3℃$，沸点 $78.32℃$，闪点（开口）$16℃$，燃点 $390\sim430℃$，相对密度 0.7893（$20/4℃$），折射率 1.3614，黏度（$20℃$）$1.41mPa \cdot s$，表面张力（$20℃$）$22.27\times10^{-3}N/m$，蒸气压（$20℃$）$5.732kPa$。

乙醇能与水、甲醇、乙醚、乙酸、丙酮、氯仿、四氯化碳、乙二醇、甘油、吡啶、苯、甲苯等溶剂混溶，能溶解许多有机化合物和若干无机化合物。由于存在氢键，乙醇具有吸湿性，与水形成共沸混合物。与铬酸、次氯酸钙、过氧化氢、硝酸、硝酸铂、过氧酸盐等氧化剂反应剧烈，有发生爆炸的危险。与 $CaCl_2$ 或 $MgCl_2$ 形成结晶络合物。乙醇蒸气与空气能形成爆炸混合物。微毒，有麻醉性，饮入乙醇中毒剂量 $75 \sim 80g$，致死剂量为 $250 \sim 500g$。空气中最高容许浓度 $1880mg/m^3$。

工业乙醇（又称工业酒精）中的乙醇质量分数为 95.57%。含乙醇质量分数在 99.5% 以上（其余为水）的乙醇称为无水乙醇，又称无水酒精。化工生产及科学实验中有不少场合需要使用无水乙醇。

（2）乙醇的用途 乙醇是重要的基本化工原料，可用于制乙醛、乙酸、乙胺、丁二烯、氯乙烷等有机产品及多种酯类。乙醇还是生产医药、染料、涂料、香料、合成橡胶、洗涤剂、农药等行业中间体的原料，制品达 300 种以上。近年来，虽然乙醛、乙酸等已不再使用乙醇作原料，乙醇作为化工产品中间体的应用范围逐步缩小，但许多精细化工产品，尤其是乙醇酯类，仍要消耗大量乙醇。

乙醇又是重要的有机溶剂，广泛用于医药、卫生用品、涂料、化妆品等各个方面，占乙醇总耗量的 50% 左右。近年来，乙醇用于洗涤剂和液体去污剂的消费量增长很快，用于化妆品的消费量也在相应增加。

乙醇有消毒、防腐、杀菌作用，能使蛋白质（构成包括病毒、细菌在内的生物体的主要成分）脱水变性而失去活性。用 75% 的乙醇溶液消毒，就能渗透到细菌、病毒等细胞内部，将其所含蛋白质全部凝结、变性死亡，从而达到完全消毒的目的。因此，75% 的乙醇水溶液具有强杀菌能力，是医疗上常用的消毒剂，也常用于对器材表面及食品容器等的杀菌。

乙醇的另一重要用途是用作汽车燃料。自 20 世纪 50 年代以来，乙醇已在一些国家作为汽车燃料的一种掺和剂。如美国 1980 年所生产的无铅汽油中就有 70% 为掺和汽油。有的国家（如巴西）已使用 100% 乙醇燃料，在美国、澳大利亚、爱尔兰等国家多使用掺和 $5\% \sim 20\%$ 乙醇的燃料。自 2000 年以来，中国已开始单独用乙醇作汽车燃料或掺到汽油（10% 以上）中使用，以节约汽油。

2. 乙醇的生产工艺

目前，工业上乙烯直接水合法制取乙醇采取的工艺都是气相直接水合工艺路线。

（1）乙烯气相直接水合法制乙醇工艺流程 乙烯气相直接水合法制乙醇工

艺流程见图 4-16，分为合成、精制和脱水三部分。反应器的操作条件为反应温度 325℃，反应压力 6.9MPa，催化剂是以硅藻土为载体的 H_3PO_4，转化率 4%～5%，选择性 95%～97%。因反应液中含有磷酸，所以在工艺流程中设置一个洗涤塔（又称中和塔），用碱水溶液或含碱稀乙醇溶液中和。这一工序一定要放在换热器后，因高温易使磷酸盐在换热器表面结垢，甚至会堵塞管道。含乙醇 10%～15% 的粗乙醇水溶液，分别由洗涤塔和分离器底进入乙醇精制部分。

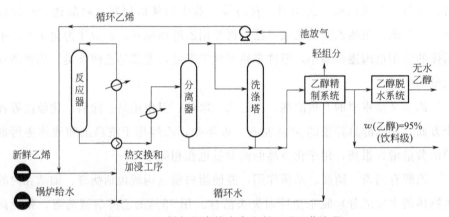

图 4-16　乙烯气相直接水合法制乙醇工艺流程

（2）气相水合反应的影响因素

① 反应温度和压力　气相水合反应是一个放热和体积缩小（物质的量减少）的反应，低温对化学平衡有利，但受催化剂需要的反应温度的限制。对磷酸/硅藻土催化剂而言，反应温度为 250～300℃。反应温度过高，不仅转化率更低，还会促进副反应，使低聚物和焦化物等副产物增多。提高反应压力对热力学平衡和加快反应速率都有利。乙烯转化率和乙醇空时收率均随压力增大而增加，但系统总压不宜太高。当系统中水蒸气的压力大于所需的磷酸水溶液的压力，气相中的水蒸气就会溶于磷酸中，使催化剂表面的磷酸被稀释。

综上所述，乙烯气相直接水合反应是可逆的、物质的量减少的放热反应，降低反应温度和提高反应压力，对反应是有利的。目前工业上应用的催化剂（如磷酸/硅藻土）只能在 250～300℃时才能发挥正常活性，为防止乙烯聚合，工业上采用的压力在 7.0MPa 左右，相应的平衡转化率为 10%～20%，考虑到动力学因素，实际的转化率是很低的。

② 水/烯比　水/烯比（摩尔比）对乙烯转化率和副产物生成量也有影响。随着水/烯比的提高，乙烯转化为乙醇的量是增加的，而且系统压力愈高，增加愈多。但水/烯比不宜过高，因会稀释酸膜中磷酸浓度，降低催化剂活性。过高严重时，会出现水的凝聚相；水/烯比过高，消耗的蒸汽量增多，冷却水用量增大，为蒸浓乙醇溶液消耗的热量增加，这些都会使工厂能耗增加，生产成本提高。工业上当总压为 7.0MPa，反应温度为 280～290℃时，水/烯比一般采用 0.6～0.7。

③ 循环气中乙烯浓度　实验研究表明，循环气中乙烯浓度与乙醇空时收率之间呈线性关系。循环气中乙烯浓度愈高，乙醇空时收率愈大，但乙烯进料中有 1%～2% 的惰性气体（主要是甲烷和乙烷），它们不参与反应。为保持反应器的生产能力，需将反应循环气少量放空。循环气中乙烯浓度愈高，放空损失也愈大，使生产成本增加。因此，循环气中乙烯浓度宜保持在 85%～90%。

④ 乙烯空速　在一定范围内，提高乙烯空速对反应有利（可减少乙烯进入催化剂酸膜的扩散阻力），但不宜太高，太高会因在酸膜表面停留时间过短，来不及进入酸膜参与反应就离开催化剂，导致反应速率下降。工业上乙烯空速选择在 $2000h^{-1}$ 为宜。

不论用发酵法还是乙烯水合法制得的乙醇溶液，其浓度都是很低的（6%～15%），含有大量水分，需要通过蒸馏把水与乙醇分离。标准大气压力下水的沸点是 100℃，乙醇的沸点是 78.3℃，它们的沸点相差较大，按理可经过反复蒸馏（分馏）制得无水乙醇。但事实上，乙醇与水能形成共沸溶液，共沸温度 78.13℃，共沸组成中乙醇的质量分数为 95.57%。在常压下，采取普通精馏方法分离乙醇，乙醇的质量分数只能提高到 95.57%。

为获得无水乙醇，可用下列方法进一步脱水。

① 古老的方法　用生石灰处理工业乙醇，使水转变成氢氧化钙，然后加热蒸出乙醇，再用金属钠干燥，可得 99.5% 的乙醇。

② 用离子交换剂或分子筛脱水　把 95.57% 的工业乙醇在 65℃ 左右通过干燥的钾型阳离子交换树脂，利用树脂的多孔性吸附水分子以及 K^+ 对水较强的亲和作用使水与乙醇分离，制得无水乙醇。

③ 共沸精馏脱水　目前工业上常用的方法是，用苯、甲苯等化合物作带

水剂，将乙醇中少量水以三元共沸物形式带走，工业上需要两个塔进行连续分离。

④ 加盐精馏　在乙醇、水的混合液中加入氯化盐等无机盐，采用特殊结构的精馏塔，可以在单塔实现乙醇与水的连续分离。

二、乙醛

1. 乙醛的性质和用途

(1) 乙醛的性质　乙醛的相对分子质量 44.06。乙醛是一种无色透明液体，具有特殊的刺激性气味。熔点 $-123.5℃$，沸点 $20.81℃$，闪点 $-38 \sim -27℃$，在 $18℃$ 时密度为 $7831kg/m^3$。溶于水，易燃，与空气能形成爆炸混合物，爆炸极限为 $4\% \sim 57\%$。乙醛对眼和皮肤有刺激作用，在厂房中最大允许浓度为 $0.1mg/L$，浓度很大时会引起气喘、咳嗽、头痛。乙醛的沸点较低，极易挥发，因此在运输过程中，先使乙醛聚合为沸点较高的三聚乙醛，到目的地后再解聚为乙醛。

(2) 乙醛的用途　乙醛和甲醛一样是极宝贵的有机合成中间体，乙醛氧化可制乙酸、乙酐和过乙酸；乙醛与氢氰酸反应可得氰醇，由它转化得乳酸、丙烯腈、丙烯酸酯。可利用醇醛缩合反应制季戊四醇、1,3-丁二醇、丁烯醛、正丁醇、2-乙基己醇、三氯乙醛、三羟甲基丙烷等。乙醛与氨缩合可生产吡啶同系物和各种乙烯基吡啶（聚合单体）。对于乙醛的生产普遍采用乙烯直接氧化法，该方法是赫斯公司在 1957～1959 年间开发的，具有原料便宜、成本低、乙醛收率高、副反应少等优点。目前，世界上 70% 的乙醛均用此方法生产，下文介绍此方法。

2. 乙烯液相直接氧化法生产原理

该方法以乙烯、氧气（空气）为原料，在催化剂 $PdCl_2$-$CuCl_2$ 的盐酸水溶液中进行气液相反应生产乙醛。总化学反应式为：

$$H_2C=CH_2+O_2 \longrightarrow CH_3CHO \tag{4-6}$$

乙烯液相氧化法的副反应主要是乙烯深度氧化及加成反应。实际过程分为如下三步，快速的乙烯氧化反应：

$$H_2C\!=\!CH_2 + PdCl_2 + H_2O \longrightarrow CH_3CHO + Pd + 2HCl \quad (4\text{-}7)$$

Pd 的再生反应：

$$Pd + 2CuCl_2 \longrightarrow PdCl_2 + 2CuCl \quad (4\text{-}8)$$

Cu^+ 的再生反应：

$$2CuCl + 1/2O_2 + 2HCl \longrightarrow 2CuCl_2 + H_2O \quad (4\text{-}9)$$

在上述反应体系中，当乙烯氧化生成乙醛时，氯化钯被还原成金属 Pd，Pd 从催化剂溶液中析出而失去催化活性。随后氯化铜把 Pd 氧化成 Pd^{2+}，自身被还原成 Cu^+ 而失去活性，最后 Cu^+ 被 O_2 氧化成 Cu^{2+} 而复原。这样构成非缔合活化共氧化催化循环过程：

在反应过程中，由于生成一些含氯副产物消耗氯离子，因此要不断补加适量的盐酸。氯化钯浓度必须控制在一定范围内，浓度过高将有金属钯析出。为了节约贵金属钯，在溶液中氯化铜的量很大，一般控制铜盐与钯盐的含量之比在 100:1 以上。氯化铜是氧化剂，一般常用二价铜离子与总铜离子（一价与二价铜离子总和）的比例，即 $n(Cu^{2+})/n(Cu^+ + Cu^{2+})$ 来表示催化剂溶液的氧化度。氧化度太高，会使氧化副产物增多，氧化度太低，会使金属钯析出。乙烯络合催化氧化生成乙醛，反应速率方程为：

$$\frac{-d[C_2H_4]}{dt} = K\,\frac{[(PdCl_4)^{2-}][C_2H_4]}{[Cl^-]^2[H^+]} \quad (4\text{-}10)$$

根据上述方程式，25℃ 时 Pd^{2+} 在盐酸中，有 97.7% 以上的钯以络离子 $[PdCl_4]^{2-}$ 形式存在，提出了如下乙烯氧化生成乙醛的反应机理。

（1）烯烃-钯 σ-π 络合反应　$PdCl_2$ 在盐酸中以络合阴离子 $[PdCl_4]^{2-}$ 的形式存在，乙烯取代配位体 Cl^-，生成钯 σ-π 络合物。

$$\quad (4\text{-}11)$$

乙烯与 Pd^{2+} 络合以后，使乙烯的 C—C 键增长了，由 0.134nm 增长到 0.147nm，这表明络合的结果使双键削弱而被活化，这就为乙烯的双键打开创造了条件。生成的 σ-π 络合物是以 σ 电子给予为主，使乙烯带部分正电荷，有利于—OH 进攻。

（2）引入弱基反应　生成的烯烃-钯 σ-π 络合物在水溶液中发生水解：

$$\begin{bmatrix} & Cl & CH \\ Cl-Pd & \big\| \\ & Cl & CH \end{bmatrix}^- + H_2O \rightleftharpoons \begin{bmatrix} & Cl & CH_2 \\ Cl-Pd & \big\| \\ & OH & CH_2 \end{bmatrix}^- + Cl^- + H_3O^+$$

$$\rightleftharpoons \qquad\qquad\qquad \rightleftharpoons + H_2O \qquad\qquad\qquad (4\text{-}12)$$

$$\begin{bmatrix} & Cl & CH_2 \\ Cl-Pd & \big\| \\ & H_2O & CH_2 \end{bmatrix}^0 + Cl^-$$

配位体被 H_2O 取代，并迅速脱去 H^+，络合物中引入—OH，形成烯烃-羟基 σ-π 络合物。

（3）插入反应

$$\begin{bmatrix} & Cl & CH_2 \\ Cl-Pd & \big\| \\ & OH & CH_2 \end{bmatrix} \rightleftharpoons \begin{bmatrix} & Cl \\ Cl-Pd-CH_2-CH_2-OH \\ & \square \end{bmatrix} \qquad (4\text{-}13)$$

$$\qquad\quad \sigma\text{-}\pi\text{络合物} \qquad\qquad\qquad\qquad \sigma\text{络合物}$$

烯烃-羟基 σ-π 络合物发生顺式插入反应，使络合的乙烯打开双键插入到金属-氧（Pd—O）键中去，转化为 σ 络合物，同时产生络合空位。

（4）重排和分解　上述的 σ 络合物很不稳定，迅速发生重排和氢转移，得到产物乙醛和不稳定的钯氢络合物，后者分解析出金属钯。

$$\begin{bmatrix} & Cl & H & H \\ Cl-Pd-C-C-OH \\ & \square & H & H \end{bmatrix}^- \longrightarrow CH_3CHO + \begin{bmatrix} & Cl \\ Cl-Pd-H \\ & \square \end{bmatrix}^- \longrightarrow CH_3CHO + Pd + H^+ + 2Cl^- \qquad (4\text{-}14)$$

（5）催化剂的复原——钯的氧化　由上述反应可以看出，络合物催化剂氧化乙烯生成乙醛，络合物中心 Pd^{2+} 被还原为 Pd，为使反应连续进行，金属钯经氧化铜氧化后再参与催化反应，构成催化循环。

$$Pd + 2CuCl_2 \longrightarrow PdCl_2 + 2CuCl \qquad\qquad\qquad (4\text{-}15)$$

$$2CuCl + 2HCl + \frac{1}{2}O_2 \longrightarrow 2CuCl_2 + H_2O \qquad\qquad\qquad (4\text{-}16)$$

3. 乙烯液相直接氧化工艺

乙烯液相氧化法有两种生产工艺，即一步法和二步法。

所谓一步法是指上述的三步基本反应在同一反应器中进行，用氧气作氧化剂，又称为氧气法。二步法是指乙烯羰基化和 Pd 的氧化在一台反应器中进行，Cu^+ 的氧化在另一反应器中进行。因为用空气作氧化剂，又称空气法。

（1）一步法工艺　用一步法生产乙醛时，要求羰基化速率与氧化速率相同，而这两个反应都与催化剂溶液的氧化度有关，因此，一步法工艺特点是催化剂溶液具有恒定的氧化度。

工业上采用具有循环管的鼓泡床塔式反应器，催化剂的装量约为反应器体积的 $1/3 \sim 1/2$，反应部分工艺流程如图 4-17 所示。

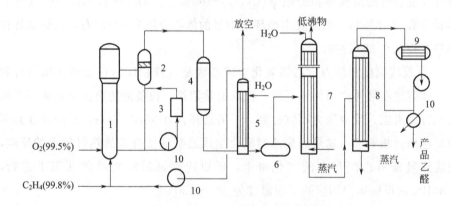

图 4-17　一步法反应部分工艺流程

1—反应器；2—除沫分离器；3—催化剂再生器；4—冷凝器；5—洗涤塔；

6—粗乙醛贮槽；7—脱低沸物塔；8—精馏塔；9—冷凝器；10—泵

原料乙烯和循环乙烯混合后从反应器底部进入，新鲜氧气从反应器下部侧线进入，氧化反应在 125℃、0.3MPa 左右的条件下进行。为了有效地进行传质，气体的空塔线速很高，流体处于湍流状态，气液两相能较充分地接触。反应生成热由乙醛和部分水汽化带出。反应段的主要影响因素有原料纯度、转化率、进气组成、温度与压力等。

① 原料纯度　如原料气中含炔类、硫化氢、一氧化碳等杂质，均能使金属钯析出。一般使用的原料乙烯要求乙炔体积分数 $<3 \times 10^{-5}$，硫化物体积分数 $<3 \times 10^{-6}$，乙烯纯度高于 99.5%，氧的纯度也要大于 99.5%。

② **转化率及进气组成** 进反应器的混合气是由原料乙烯、氧气和循环气所组成，虽然氧的体积分数达17%，但由于采取了氧和乙烯分别进料的方式，故不会形成爆炸混合物，它们在液相中稳定地进行氧化反应。但自反应器出来的气相混合物（即循环气）的组成必须严格控制。据研究，当循环气中氧的体积分数>12%、乙烯体积分数<58%时，就会形成爆炸混合物。工业生产上从安全和经济两方面要求循环气中氧的体积分数在8%左右，乙烯体积分数在65%左右。当循环气中氧的体积分数达到9%或乙烯的体积分数降至60%时，需立即停车，用N_2置换系统中气体，将气体排出。为确保安全，要求配置自动报警联锁停车系统。

由于副反应要消耗一部分氧，一般氧的用量比理论值过量10%，当进入反应器混合气的组成体积分数$\varphi(C_2H_4)=65\%$、$\varphi(O_2)=17\%$、惰性气体的体积分数为18%时，如果要求循环气中氧的体积分数为8%左右，乙烯的转化率只能控制在35%左右。

③ **反应温度和压力** 乙烯氧化生成乙醛是气液相反应，虽增加压力有利于气体溶解在液体中而加速反应，但从能量消耗、设备的防腐蚀及形成副产物等几方面考虑，反应压力不宜过高，一般选择在0.3MPa左右。反应温度必须与反应压力相对应。这是因为乙烯氧化生成乙醛的反应是放热量较大的反应，反应热量需由乙醛与水的汽化带走，所以应保证反应在沸腾状态下进行，0.3MPa的反应压力相应的反应温度为120~130℃。

生成的粗乙醛工业上一般采取两步法将粗醛精馏。第一步是脱轻组分，将沸点比乙醛低的二氧化碳、氯甲烷、氯乙烷等轻馏分从塔顶脱去；第二步是脱除废水和高沸物，并从乙醛精馏塔中部侧线引出副产物丁烯酸。由于乙醛沸点较低，要将其冷却下来必须在精馏塔顶使用大量冷冻盐水，故轻馏分塔和乙醛精馏塔均在加压条件下操作，这样可节省能量。

催化剂溶液再生是通过将需再生的催化剂溶液自循环管引出，并通入氧和补充盐酸，使Cu^+氧化，然后降压并降温到100~105℃，在分离器中使催化剂溶液与逸出的气体-蒸汽混合物分离。气体-蒸汽混合物经冷却、冷凝和水吸收，以回收乙醛，和捕集夹带出来的催化液雾滴后排出，含乙醛的水溶液经除沫分离器返回反应器。分离器底部的催化剂溶液经泵升压后，送至分解器，直接通入水蒸气，加热至170℃，借催化剂中Cu^{2+}的氧化能力将草酸铜氧化分解，放出 CO_2 并生成 Cu_2Cl_2，再生后催化剂送回反应器。

一段法生产乙醛，乙烯的单程转化率为35%～38%，选择性为95%左右，$1m^3$ 催化剂每小时生产乙醛为150kg，所得乙醛纯度可达99.7%以上。

（2）二步法工艺 乙烯的羰基化反应和氯化亚铜的氧化反应分别在两个串联的管式反应器中进行的工艺称二步法。反应在 1.0～1.2MPa、105～110℃ 条件下操作，乙烯转化率达99%，且原料乙烯纯度达60%以上即可用空气代替氧气。由于乙烯和空气不在同一反应器中接触，可避免爆炸危险。

二步法工艺的特点是催化剂溶液的氧化度呈周期性变化，在羰基化反应器中，入口高，出口低。另外，二步法采用管式反应器，需要用钛管，同时流程长，钛材消耗比一步法高。但二步法用空气作氧化剂，避免了空气分离制氧过程，减少了投资和操作费用。二步法反应部分工艺流程如图 4-18 所示。

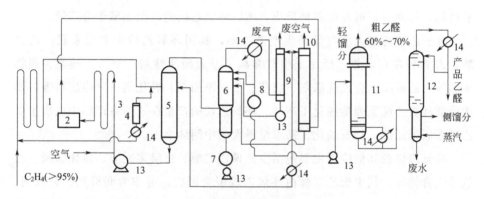

图 4-18 二步法反应部分工艺流程

1—反应器；2—废空气分离器；3—氧化器；4—再生器；5—闪蒸塔；

6—粗馏塔；7—反应用水贮槽；8—粗乙醛贮槽；9—废氧洗涤塔；

10—废空气洗涤塔；11—脱轻馏分塔；12—精馏塔；13—泵；14—换热器

三、环氧乙烷

环氧乙烷又名氧化乙烯（简称 EO），是一种最简单的环状醚。环氧乙烷是乙烯衍生物中仅次于聚乙烯而占第二位的重要有机化工产品。

1. 环氧乙烷性质和用途

（1）环氧乙烷的性质 在常温下是无色的气体，在低于 10.7℃ 时是无色易流动的液体，有乙醚的气味，高浓度有刺激臭味。蒸气对眼和鼻黏膜有刺激性，具有温和麻醉性。

分子式 C_2H_4O，相对分子质量 44.05，熔点 $-111.3℃$，沸点 $10.7℃$，密度 $0.8711g/cm^3$，闪点 $<-17.78℃$（开口），自燃点 $429℃$。易溶于水、乙醇、乙醚等多数有机溶剂。

气态环氧乙烷易在空气中爆炸，爆炸范围为体积分数 3%~100%，但液态环氧乙烷无爆炸性。化学性质非常活泼，能与许多化合物起加成反应，温度高于 40℃ 时开始聚合。环氧乙烷是一种高毒性物质，空气中允许浓度为 $0.011g/m^3$，吸入环氧乙烷能引起麻醉中毒。久储会起聚合反应，储存温度需控制在 0℃ 以下。注意防晒、防火、防爆。

（2）环氧乙烷的用途　环氧乙烷是一种最简单的环醚，因分子中有三元环氧结构，易断裂，可发生多种反应，所以环氧乙烷的应用领域十分广泛。

环氧乙烷的最大消费量是生产乙二醇，我国环氧乙烷主要用来联产乙二醇，占 70% 左右，并广泛用于生产非离子型表面活性剂、缩乙二醇类、药物中间体、乙醇胺、合成洗涤剂、农药、油品添加剂、乳化剂、防腐涂料等，形成所谓环氧乙烷系列精细化工产品。环氧乙烷的产量在乙烯系产品中仅次于聚乙烯而居第二位，是石油化工需求量最大的中间体之一。

环氧乙烷的其他应用主要包括生产聚乙二醇、聚醚多元醇、氯化胆碱、乙氧基化合物等。其中聚乙二醇由环氧乙烷聚合而成，可作为润滑剂、分散剂、黏结剂等，在医药、兽药及化妆品行业中作为软膏、栓剂的基质，片剂的载体、成型剂和针剂中的溶剂等，均有着极为广泛的应用。

2. 直接氧化法环氧乙烷生产工艺

（1）乙烯的环氧化反应　在银催化剂上乙烯用空气或纯氧氧化，除得到产物环氧乙烷外，主要副产物是二氧化碳和水，并有少量甲醛、乙醛生成。其反应的过程如下：

$$CH_2{=}CH_2+O_2 \xrightarrow{Ag} \begin{cases} \begin{matrix} H_2C{-}CH_2 \\ \diagdown O \diagup \end{matrix} & \xrightarrow{+O_2} \\ & \\ CH_3CHO & \xrightarrow{+O_2} \end{cases} CO_2+H_2O$$

用示踪原子研究表明，完全氧化反应主要由乙烯直接氧化而成，环氧乙烷氧化为 CO_2 和 H_2O 的连串副反应也有发生，但是次要的。从热力学角度来讲，乙烯的完全氧化是强放热反应，其反应热效应比乙烯环氧化反应大十几倍。

主反应

$$CH_2 = CH_2 + 1/2O_2 \longrightarrow C_2H_4O(g) \quad \Delta H_{298}^0 = -103.4kJ/mol \quad (4\text{-}17)$$

乙烯的完全氧化

$$CH_2 = CH_2 + 3O_2 \longrightarrow 2CO_2 + 2H_2O(g) \quad \Delta H_{298}^0 = -1324.6kJ/mol$$

$$(4\text{-}18)$$

故完全氧化副反应的发生，不仅使生成环氧乙烷的选择性下降，对反应热效应也有很大影响。在实际生产条件下，副产物乙醛很快被氧化生成 CO_2 和水：

$$2CH_3CHO + 5O_2 \longrightarrow 4CO_2 + 4H_2O \quad (4\text{-}19)$$

因此，所得反应产物主要是环氧乙烷、二氧化碳和水，生成的乙醛量小于环氧乙烷的 0.1%，生成的甲醛量则更少。但它们对环氧乙烷产品质量影响很大，会严重妨碍环氧乙烷的深度加工。因此，在工艺流程中，有专门的脱醛设备将醛脱至符合产品质量要求。

从式(4-17)和式(4-18)可知，它们虽都是放热反应，但式(4-18)释放出的热量是式(4-17)的 12.8 倍，因此必须采用优良催化剂和严格控制操作条件（其中对选择性的控制尤为重要），使式(4-18)不会太激烈。否则，若反应进行较快，释放出的热量又来不及传出系统，这就会导致反应温度迅速上升，产生飞温现象，这不仅会使催化剂因烧结失活，甚至还会酿成爆炸事故。这一点也是直接氧化法迟迟不能进行大规模工业生产的重要原因之一。

(2) 环氧化催化剂　乙烯环氧化反应对催化剂的要求，一是反应活性要好，二是选择性要高，三是使用寿命要长。乙烯氧化生产环氧乙烷的关键在于催化剂。乙烯在绝大部分金属或其氧化物上进行氧化时，生成产物为二氧化碳和水，只有采用银为催化剂才可以获得环氧乙烷。这种催化剂不仅能抑制副反应，还能加速主反应。因此，空气法或氧气法生产环氧乙烷均以银为催化剂。

金属银是主催化剂，其质量分数一般为 $10\% \sim 20\%$。载体一般多采用低比表面积、大孔径、无孔隙或粗孔隙型、传热性能良好、热稳定性高的 α-氧

化铝或含有少量 SiO_2 的 α-氧化铝为载体。对于乙烯环氧化反应，银催化剂是一种结构敏感型催化剂，因此负载银颗粒大小、载体性质及助催化剂等都对其有很大影响。常见的助催化剂是碱金属（常见的碱金属离子为 Na^+、K^+）盐、碱土金属（常见的碱土金属离子为 Ca^{2+}、Ba^{2+}）盐和稀土金属盐，其中阴离子为卤素元素离子 Cl^-、Br^-、I^- 及 S^{2-}、SO_4^{2-} 等。

催化剂中加入碱金属盐，例如 KCl 和 NaCl，能够提高催化剂活性组分 Ag 的催化选择性。选择性提高的原因是调节 Ag 催化剂的电子输出功使 O_2 活化形式主要以 O_2^- 为主。而 Cl^-、S^{2-}、SO_4^{2-} 等负离子富集在催化剂表面形成负电场，提高电子输出功，也有利于 O_2^- 吸附物种生成。

催化剂中加入碱土金属盐能够提高催化剂活性组分 Ag 的稳定性。例如钡盐中的 Ba^{2+} 在反应条件下转变为 $BaCO_3$，它能和 Ag 原子充分混杂在一起。随钡盐加入量增加，活性提高，当钡盐含量为 6%～8%（质量分数）时达到最大值。钡盐含量再增加，其活性降低，而选择性随 BaO 含量增加而降低。钡盐和钙盐被认为起结构型助催化剂作用，它们可以把 Ag 颗粒隔开，防止银烧结。同时还观察到它们也是电子型助催化剂，可将银的逸出功从 4.40eV 降低到 3.80eV，从而提高其催化活性。

在乙烯环氧化过程中，伴随有乙烯原料和产物环氧乙烷的完全氧化。在银催化剂中加入硒、碲、氯、溴等对抑制二氧化碳的生成、提高银催化剂的选择性有较好的效果，但活性却降低。这类物质称为调节剂，也称抑制剂。在原料气中添加这类抑制剂物质也能起到同样效果和作用，现工业上通常采用二氯乙烷作为抑制剂。在正常操作时，可连续将二氯乙烷加入原料气中，以补偿其在反应过程中的损失，用量一般为原料气的 1×10^{-6}～3×10^{-6}。用量过大，往往造成催化剂中毒，活性显著降低。但这种中毒不是永久性中毒，停止通入二氯乙烷后，催化剂的活性可逐渐恢复。

这类催化剂的特点是，当乙烯转化率高时，其相应的选择性有所下降。所以，现行工业生产采用的空气法或氧气法，原料转化率较低，一般控制为 30%左右，以使选择性保持在 70%～80%。

（3）乙烯环氧化反应机理　通常认为乙烯在 Ag 催化剂上环氧化机理如下：

$$2Ag + O_2 \longrightarrow Ag_2O_2（吸附） \qquad (4-20)$$

$$Ag_2O_2 + C_2H_4 \longrightarrow C_2H_4O + Ag_2O \tag{4-21}$$

$$4Ag_2O + C_2H_4 \longrightarrow 2CO + 2H_2O + 8Ag \tag{4-22}$$

$$CO + Ag_2O \longrightarrow CO_2 + 2Ag \tag{4-23}$$

这个机理符合于大量实验结果，其最大选择性<80%。但是最近发现一些工业 Ag 催化剂的环氧乙烷选择性大于 80%，这一结果与上述反应机理相矛盾。米蒙根据均相络合物催化剂在氧插入反应中的作用机理研究结果提出如下机理：

$$(4\text{-}24)$$

$$(4\text{-}25)$$

由于甲醛及其氧化物甲酸都是强还原剂，可将氧化银重新还原为银，构成催化循环。按照这一机理，反应式为

$$7C_2H_4 + 6O_2 \longrightarrow 6C_2H_4O + 2CO_2 + 2H_2O \tag{4-26}$$

按反应式计算，其最大选择性为 85%。目前我国生产的银催化剂的环氧乙烷选择性已达 83%。

（4）环氧乙烷生产工艺条件

① 温度　在乙烯氧化生产环氧乙烷的反应中，存在着完全氧化反应的剧烈竞争，而影响竞争的主要因素是反应温度。由于乙烯氧化生产环氧乙烷的反应是强放热反应，较低温度对反应是有利的。当反应温度略高于 100℃时，氧化产物几乎全部是环氧乙烷，选择性可近似为 100%。然而，在这样低的温度下进行反应，反应速率慢，转化率低，没有现实生产意义。随着温度的升高，主反应速率加快，完全氧化的副反应也开始发生。当反应温度超过 300℃时，银催化剂几乎对生成环氧乙烷的反应不起催化作用，但转化率很高，此时的产物主要是乙烯完全氧化生成的二氧化碳和水。

乙烯氧化生产环氧乙烷应选择一个较为适宜的温度，一般控制在 220～280℃，并按所用氧化剂及催化剂活性稍有不同。当用空气作氧化剂时，反应温度为 240～290℃；若用氧气作氧化剂时，反应温度以 230～270℃为宜；按

常规，在操作初期催化剂活性较高，宜控制在低限；在操作终期催化剂活性较低，宜控制在高限。

② 空速　空速是影响反应转化率和选择性的另一因素。空速有体积空速和质量空速之分。前者为单位时间内通过单位体积催化剂的物料体积；后者为单位时间内通过单位质量催化剂的物料质量。体积空速常用于气-固相反应，质量空速常用于液-固相反应。空速大，物料在催化剂床层停留时间短，若属表面反应控制，则转化率降低，选择性提高；反之，则转化率提高，选择性降低。适宜的空速与催化剂有关，应由生产实践确定。

在乙烯环氧化过程中主要竞争反应是平行副反应，空速提高虽转化率略有下降，但反应选择性将有所增加。对强放热反应而言，空速高还有利于迅速移走大量的反应热，有利于维持反应温度。但空速过高，虽提高了生产能力，而反应气中的环氧乙烷量却很少，造成大量循环气体，增大了分离工序的负荷，使动力费用增加。空速过低，生产能力不仅低，反应选择性也会下降。对空气氧化法而言，工业上主反应器空速一般取 7000/h 左右，此时的单程转化率在 $30\%\sim35\%$ 之间，选择性可达 $65\%\sim75\%$；对氧气氧化法而言，空速为 $5500\sim7000/h$，此时的单程转化率在 15% 左右，选择性大于 80%。

③ 压力　由于主、副反应都可视作不可逆反应，操作压力对反应影响不大。但考虑到加压可提高反应器的生产能力，而且对后续的吸收操作是必不可少的。因此，直接氧化法均在加压下进行。但压力不能太高，工业上广为采用的压力是 $1.0\sim3.0MPa$。

④ 原料纯度　原料气中杂质会带来不利影响，因此不论空气法还是氧气法都要求原料乙烯体积分数在 98% 以上，且不得含有易使催化剂中毒的物质。原料气中氢气和碳三以上烷烃和烯烃，在氧化过程中比乙烯更易发生完全氧化反应，使反应热效应增加，造成局部过热，并使催化剂失活。因而，要求氢气体积分数 $<5\times10^{-6}$，碳三以上烃 $<10\times10^{-6}$。当原料气中含有乙炔，不仅能使银催化剂永久性中毒，而且乙炔还能与银生成受热发生爆炸性分解的乙炔银。为此，严格要求原料气中乙炔体积分数 $<5\times10^{-6}$。原料气中的尘埃、硫化氢、二氧化硫和卤素同样会对催化剂产生不利影响。抑制剂二氯乙烷中的含铁量应控制在 0.5×10^{-6}（质量分数）以下，因为铁离子的存在会使目的产物环氧乙烷被催化异构为乙醛，最终生成二氧化碳和水，从而使反应选择性下

降。因此，要求反应器及有关管道使用不锈钢材质或经酸洗钝化处理后的碳钢。

⑤ 原料气的配比　进入反应器的原料是由循环气和新鲜气混合而成，它的组成不仅影响经济效益，也关系到安全生产。氧的含量必须低于爆炸极限浓度。乙烯浓度也必须控制，它不仅会影响氧的极限浓度，也影响催化剂的生产能力和放空损失。尤其像乙烯环氧化这类强放热气-固相反应，必须考虑到反应器的热稳定性。乙烯和氧的浓度高，反应速率快，催化剂生产能力大，但单位时间释放的热量也大，反应器的热负荷增大，如放热和散热不能平衡，就会造成飞温。故乙烯和氧的浓度都有一适宜值，由于所用氧化剂不同，原料混合气的组成也不同。用空气为氧化剂时，空气中有大量惰性气体氮气存在，乙烯的浓度以 5% 左右为宜，氧的浓度为 6% 左右。当以纯氧为氧化剂时，混合原料气需用氮气稀释，使反应不致太剧烈，一般乙烯的浓度为 15%～20%，氧的浓度为 7% 左右。混合气中氧浓度低较为安全，但使反应速率下降，催化剂生产能力降低。

二氧化碳对氧化反应有抑制作用，但含量适当对提高反应的选择性有好处，且可提高氧的爆炸极限浓度，故进反应器的原料混合气中允许含有一定量二氧化碳。氩不仅使氧的爆炸极限浓度降低，且热容较小，会影响热量的带走，故氩的含量必须控制。

⑥ 致稳气的作用　原料气中的一些惰性气体（如二氧化碳、氮气或加入的一些甲烷或乙烷）能显著提高乙烯和氧的爆炸极限浓度，特别当以纯氧为氧化剂时，它们对氧有稀释作用，将气体组成调节在爆炸范围之外，使反应平稳进行，这些惰性气体又称为致稳气或稀释气体。惰性气体还可影响乙烯转化率、反应选择性及设备能力。甲烷热容大，可及时移走反应热，有利于反应和操作的稳定；其相对分子质量小，可节约循环压缩机能耗；甲烷的存在还可以提高氧的爆炸极限浓度，有利于氧气允许浓度增加。实践表明加入甲烷还可提高环氧乙烷收率，增加反应选择性。所以，各环氧乙烷装置大多由过去的氮气致稳改用甲烷致稳，也有用乙烷和二氧化碳混合气作致稳气的。然而，原料气中惰性物质含量也不宜过高，过高将使乙烯放空损失增加。为了获得所需的反应选择性，在原料混合气中还需加入约 1×10^{-6}～3×10^{-6} 的二氯乙烷抑制剂。

（5）氧气氧化法工艺流程　氧气氧化法乙烯直接氧化生产环氧乙烷的工艺流程如图 4-19 所示。

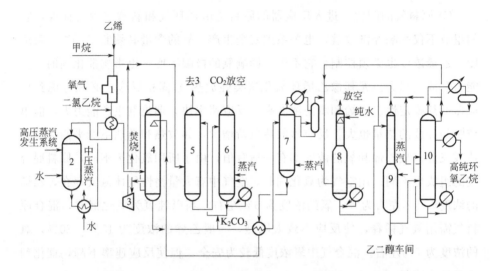

图 4-19　氧气氧化法乙烯直接氧化生产环氧乙烷工艺流程

1—原料混合器；2—反应器；3—循环压缩机；4—环氧乙烷吸收塔；5—二氧化碳吸收塔；

6—碳酸钾再生塔；7—环氧乙烷解吸塔；8—环氧乙烷再吸收塔；

9—乙二醇原料解吸塔；10—环氧乙烷精制塔

乙烯原料经加压后分别与氧气、致稳气甲烷、循环气进入原料混合器，迅速而均匀地混合达到安全组成，在进入反应器前加入微量的二氯乙烷。原料混合气与反应后气体热交换预热后进入装有银催化剂的列管式固定床反应器。反应器在平均压力 2.02MPa 下操作，反应温度为 235～275℃，空速为 4300/h，乙烯的单程转化率（体积分数）为 9%，对环氧乙烷的选择性为 79.6%。反应器采用加压沸腾水散热，并设置高压蒸汽发生系统，供本装置使用。

反应后的气体经换热产生中压蒸汽，冷却到 87℃后进入环氧乙烷吸收塔。该塔顶部用来自环氧乙烷解吸塔的贫循环水喷淋，吸收反应生成的环氧乙烷。未被吸收的气体中含有许多未反应的乙烯，其大部分作为循环气经循环压缩机升压后返回反应器循环使用。为控制原料气中氩气和烃类等杂质在系统中积累，可在循环压缩机升压前，间断排放一小部分送去焚烧。为维持反应系统中二氧化碳体积分数在 7% 左右，需把部分气体送二氧化碳脱除系统处理，脱除二氧化碳后再返回循环气系统。

二氧化碳脱除系统由二氧化碳吸收塔与碳酸钾再生塔组成。本工艺采用在100℃、2.2MPa压力下，以质量分数30%以上的碳酸钾溶液为吸收剂，将二氧化碳吸收，使二氧化碳体积分数降至3.5%以下。二氧化碳吸收塔釜液进入碳酸钾再生塔，此塔在0.2MPa压力下操作，把碳酸钾溶液中的二氧化碳用蒸汽汽提出来，大量富含CO_2的气体在塔顶放空排放。再生后的碳酸钾溶液泵回二氧化碳吸收塔。碳酸钾溶液中常含有铁、油和乙二醇等不纯物，在加热过程中这些物质易产生发泡现象，使塔设备压差增大，故生产中常加入消泡剂。

从环氧乙烷吸收塔底部流出的环氧乙烷水溶液进入环氧乙烷解吸塔，目的是将产物环氧乙烷通过汽提从水溶液中解吸出来。解吸出来的环氧乙烷、水蒸气及轻组分进入该塔冷凝器。大部分水及重组分冷凝后返回环氧乙烷解吸塔，未冷凝气体与乙二醇原料解吸塔顶气，以及环氧乙烷精制塔顶馏出液汇合后，进入环氧乙烷再吸收塔。环氧乙烷解吸塔釜液作为环氧乙烷吸收塔的吸收液。解吸后的环氧乙烷在再吸收塔用冷的工艺水再吸收，将二氧化碳与其他不冷凝气体从塔顶放空。再吸收塔釜液中环氧乙烷质量分数约8.8%，在乙二醇原料解吸塔中，用蒸汽加热进一步汽提除去水溶液中的二氧化碳和氮气，即可作为生产乙二醇的原料或再精制为高纯度的环氧乙烷产品。

环氧乙烷精制塔以直接蒸汽加热，上部塔板用于脱甲醛，中部用于脱乙醛，下部用于脱水。靠近塔顶侧线抽出质量分数＞99.99%的高纯度环氧乙烷，中部侧线采出含少量乙二醇的环氧乙烷（返回乙二醇原料解吸塔），塔釜液返回精制塔中部，塔顶馏出含有甲醛的环氧乙烷返回乙二醇原料解吸塔，回收环氧乙烷。

四、乙二醇

乙二醇（简称EG）又名甘醇、乙撑二醇。工业上主要由环氧乙烷水合制得，是环氧乙烷最重要的衍生物，是最简单和最重要的脂肪族二元醇。

1. 乙二醇的性质和用途

（1）乙二醇的性质　乙二醇外观为无色澄清黏稠液体，略有甜味。分子式$C_2H_6O_2$，相对分子质量62.07，凝固点－11.5℃，沸点197.6℃，闪点

115.56℃，自燃点412.8℃，相对密度1.1135（20/4℃），折射率1.4306，黏度20.93mPa·s（20℃），比热容2.35J/(kg·K)，溶解热187.025J/g，蒸发热799.14J/g，表面张力48.4mN/m（20℃），蒸气压7.999Pa（20℃）。

乙二醇溶于水、低级醇、甘油、丙酮、乙酸、吡啶、醛类，微溶于醚，几乎不溶于苯及苯的同系物、石油醚、二硫化碳、氯仿和四氯化碳。

（2）乙二醇的用途 乙二醇是一种重要的石油化工基础有机原料，主要用于生产聚酯树脂、醇酸树脂、防冻液、增塑剂、不饱和聚酯树脂、润滑剂、非离子表面活性剂以及炸药等，其中最大用途是用来生产聚酯，其次是防冻液（与水混合后，结冰温度可以降至－70℃）。此外，还可用于照相显影液、刹车液以及油墨等行业，用作过硼酸铵的溶剂和介质，用于生产特种溶剂乙二醇醚等。乙二醇还可以用作溶剂。

乙二醇重要衍生物有两类：一类是聚乙二醇，它包括二甘醇、三甘醇和高相对分子质量聚乙二醇等；另一类是醚、酯和醚-酯。

2. 乙二醇的合成工艺

目前，合成乙二醇的方法有环氧乙烷直接加压水合法、环氧乙烷催化水合法、碳酸乙烯酯法、甲醛电化加氢法、甲醇二聚合法、氧化偶联法等多种方法。乙二醇合成方法虽然有多种，但目前仍以环氧乙烷为主。世界环氧乙烷生产装置几乎全部配套生产乙二醇。本节介绍环氧乙烷水合生产乙二醇的工艺。

（1）化学反应 主反应：

$$CH_2—CH_2 + H_2O \longrightarrow CH_2—CH_2 \qquad (4\text{-}27)$$

副反应：

$$(4\text{-}28)$$

$$(4\text{-}29)$$

三甘醇还可与环氧乙烷反应生成多甘醇。此外，在环氧乙烷水合过程中，尚可能进行异构化和氧化反应。异构化反应需在高温下进行，氧化则在碱金属或碱土金属氧化物存在时才能进行。乙醛生成量比二甘醇和三甘醇少得多，但它能氧化为乙酸，对设备有腐蚀作用。因此要求在生产中应用的工艺用水中的碱金属或碱土金属离子浓度一定要符合规定的质量指标。

（2）工艺条件的选择

① 原料配比　生产实践证明，无论是酸催化液相水合或非催化加压水合，只要水与环氧乙烷的摩尔比相同，乙二醇的收率非常接近。如表 4-1 所示为原料中不同水与环氧乙烷的摩尔比对产品分布的影响，反应温度为 90～95℃，环氧乙烷转化率在 95%。

由表 4-1 可见，乙二醇的选择性随原料中水与环氧乙烷摩尔比的提高而增大，但摩尔比不能无限提高。因在同等生产能力下，设备容积要增大，设备投资要增加；在乙二醇提浓时，消耗的蒸汽量会增加，能耗上升。另外，还须考虑副产物问题。因为二甘醇、三甘醇等也是非常有用、用其他方法难以合成的化工产品，售价比乙二醇还高，适当多产二甘醇等副产品可提高工厂经济效益。根据以上理由，一般将水与环氧乙烷的摩尔比定在 10～20 范围内，且没有必要用加酸的办法来抑制副反应的发生。

表 4-1　水与环氧乙烷摩尔比对产品分布的影响

原料中水与环氧乙烷的摩尔比	水合产物所消耗的环氧乙烷占总环氧乙烷的分数/%			
	乙二醇	二甘醇	三甘醇	多甘醇
10.50	82.3	12.7	—	
7.90	77.5	17.5	—	
4.20	65.7	27.0	2.3	
2.10	47.2	34.5	13.0	0.3
0.61	15.7	26.0	19.8	33.5

② 水合温度　在非催化加压水合的情况下，由于反应活化能较大，为加快反应速率，必须适当提高反应温度。但反应温度提高后，为保持反应体系为液相，相应的反应压力也要提高。为此，对设备结构和材质会提出更高的要求，能耗亦会增加。工业生产中，通常水合温度为 150～220℃。

③ 水合压力　在无催化剂时，水合反应温度较高。为保持液相反应，必须进行加压操作。在工业生产中，当水合温度为 150～220℃时，水合压力相应为 1.0～2.5MPa。研究表明，在工业生产的压力范围内，压力的变化对反应速率和产品分布没有显著影响。

④ 水合时间 环氧乙烷水合是不可逆的放热反应。在一般工业生产条件下，环氧乙烷的转化率可接近 100%。为保证达到高的转化率，需要保证相应的水合时间。但反应时间太长，一方面无此必要，另一方面由于停留时间过长会降低设备的生产能力。工业生产中，当水合温度为 150~220℃、水合压力 1.0~2.5MPa 时，相应的水合时间为 20~35min。

（3）环氧乙烷水合的工艺流程 Shell、DOW 和 SD 三家公司氧气氧化法生产环氧乙烷/乙二醇的主要工艺流程大同小异，其乙二醇生产工艺由环氧乙烷水合反应、多效蒸发及干燥、乙二醇精制及贮存等主要单元组成。典型的工艺流程见图 4-20。

图 4-20 环氧乙烷水合生产乙二醇典型的工艺流程

来自环氧乙烷单元的环氧乙烷与适量水混合配比，预热后进入乙二醇反应器。在反应器中环氧乙烷与水发生水合反应生成单乙二醇（MEG），同时副产二乙二醇（DEG）、三乙二醇（TEG），反应过程中还生成少量乙醛、巴豆醛、乙酸酯及聚合物。反应温度为 150~250℃，压力为 3.0~4.0MPa。

经过水合反应所得的乙二醇溶液浓度约为 15%（质量分数）。因此需将其中大量的水蒸发掉，才能得到高浓度的乙二醇。经过多效蒸发直到乙二醇溶液浓缩至 80% 左右，送脱水塔进行脱水干燥。脱水塔在减压下操作，水自塔顶蒸出，使乙二醇溶液中的水含量降至 0.05% 以下，然后进行精馏。脱水塔塔釜的乙二醇依次送至 MEG 精馏塔、DEG 精馏塔及 TEG 精馏塔，依次分离得到 MEG、DEG 及 TEG 产品。

五、聚乙烯

1. 聚乙烯的性质和用途

聚乙烯（简称 PE），是乙烯经聚合制得的一种热塑性树脂。在工业上，也包括乙烯与少量 α-烯烃的共聚物。聚乙烯无臭、无毒，手感似蜡，具有优良的耐低温性能（最低使用温度可达 -100~-70℃），化学稳定性好，能耐大多数酸碱的侵蚀（不耐具有氧化性质的酸），常温下不溶于一般溶剂；吸水性小，电绝缘性能优良；但聚乙烯对于环境应力（化学与机械作用）很敏感，耐热老化性差。聚乙烯的性质因品种而异，主要取决于分子结构和密度，采用不同的生产方法可得不同密度（$0.91 \sim 0.96 g/cm^3$）的产物。

聚乙烯可用一般热塑性塑料的成型方法加工。聚乙烯用途十分广泛，主要用于制造薄膜、容器、管道、单丝、电线电缆、日用品等，并可作为电视、雷达等的高频绝缘材料。

2. 聚乙烯生产工艺

（1）低密度聚乙烯　在高压条件下，乙烯由过氧化物或微量氧引发，经自由基聚合反应生成密度为 $0.910 \sim 0.930 g/cm^3$ 的低密度聚乙烯。

乙烯高压聚合生产流程如图 4-21 所示。该流程适用于釜式聚合反应器或管式聚合反应器，虚线部分为管式聚合反应器。

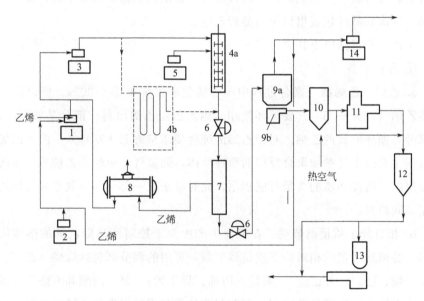

图 4-21　乙烯高压聚合生产流程

1——一次压缩机；2—相对分子质量调节剂泵；3—二次压缩机；4a—釜式聚合反应器；

4b—管式聚合反应器；5—催化剂泵；6—减压阀；7—高压分离器；8—废热锅炉；

9a—低压分离器；9b—挤出切粒机；10—干燥器；11—密炼机；

12—混合机；13—混合物造粒机；14—压缩机

压力为 3.0～3.3MPa 的精制新鲜乙烯进入一次压缩机的中段，经压缩至 25MPa。来自低压分离器的循环乙烯，压力<0.1MPa，与相对分子质量调节剂混合后进入二次压缩机。二次压缩机的最高压力因聚合设备的要求而不同。管式反应器要求最高压力达 300MPa 或更高，釜式反应器要求最高压力为 250MPa。经二次压缩达到反应压力的乙烯经冷却后进入聚合反应器。引发剂则用高压泵送入乙烯进料口，或直接注入聚合设备。反应物料经适当冷却后进入高压分离器，减压至 25MPa。未反应的乙烯与聚乙烯分离并经冷却脱去蜡状低聚物以后，回到二次压缩机吸入口，经加压后循环使用。聚乙烯则进入低压分离器，减压到 0.1MPa 以下，使残存的乙烯进一步分离循环使用。聚乙烯树脂在低压分离器中与抗氧化剂等添加剂混合后经挤出切粒机，得到粒状聚乙烯，被水流送往脱水振动筛，与大部分水分离后，进入离心干燥器，以脱除表面附着的水分，然后经振动筛除去不合格的粒料后，成品用气流输送至计量设备计量，混合后为一次成品。然后再次进行挤出、切粒、离心干燥，得到二次成品。二次成品经包装出厂为商品聚乙烯。

生产工艺包括以下几个过程。

① 原料准备

a. 乙烯　乙烯高压聚合过程中单程转化率仅为 15%～30%，所以大量的单体乙烯（70%～85%）要循环使用。因此所用乙烯原料一部分是新鲜乙烯，一部分是循环回收的乙烯。对于乙烯的纯度要求应超过 99.95%。循环乙烯中的杂质主要是不易参加聚合反应的惰性气体，如氮气、甲烷、乙烷等。多次循环使用时，惰性杂质的含量可能积累，此时应采取一部分气体放空或送回乙烯精制车间精制。

b. 相对分子质量调节剂　在工业生产中为了控制产品聚乙烯的熔体流动速率，必须加适量的相对分子质量调节剂，可用的调节剂包括烷烃（乙烷、丙烷、丁烷、己烷、环己烷）、烯烃（丙烯、异丁烯）、氢、丙酮和丙醛等，而以丙烯、丙烷、乙烷等最常应用。调节剂的种类和用量根据聚乙烯牌号的不同而不同，用量一般是乙烯体积的 1%～6.5%。调节剂应从一次压缩机的进口进入反应系统。

c. 添加剂　聚乙烯树脂在隔绝氧的条件下受热时是稳定的，但在空气中受热则易被氧化。聚乙烯塑料在长期使用过程中，由于日光中紫外线照射而易老化，性能逐渐变坏。为了防止聚乙烯在成型过程中受热时被氧化，防止使用过程中老化，所以聚乙烯树脂中应添加防老剂（抗氧剂），如 4-甲基-2,6-二叔丁基苯酚、防紫外线剂等。此外，为了防止成型过程中黏结模具而需要加入润滑剂，如油酸酰胺或硬脂酸铵、油酸铵、亚麻仁油酸铵三者的混合物。聚乙烯主要用来生产薄膜，为了使吹塑制成的聚乙烯塑料袋易于开口而需要添加开口剂，如高分散性的硅胶（SiO_2）、铝胶（Al_2O_3）。为了防止表面积累静电，有时需要添加防静电剂。

d. 催化剂配制　乙烯高压聚合需加入自由基引发剂，工业上常称为催化剂，所用的引发剂主要是氧和过氧化物，早期工业生产中主要用氧作为引发剂。其优点在于：价格低，可直接加于乙烯进料中。而且在 200℃ 以下时，氧是乙烯聚合阻聚剂，不会在压缩机系统中或乙烯回收系统中引发聚合。其缺点是氧的引发温度在 230℃ 以上，低于 200℃ 时反而阻聚。由于氧在一次压缩机进口处加入，所以不能迅速用改变引发剂用量的办法控制反应温度，而且氧的反应活性受温度的影响很大。因此，目前除管式反应器中还用氧作引发剂外，釜式反应器已全部改为过氧化物引发剂。

工业上常用的过氧化物引发剂为过氧化二叔丁基、过氧化十二酰、过氧化苯甲酸叔丁酯等。此外尚有过氧化二碳酸二丁酯、过氧化辛酰等。

乙烯高压聚合引发剂应配制成白油溶液或直接用计量泵注入聚合釜（釜式聚合反应器）的乙烯进料管中，或注入聚合釜中，在釜式聚合反应器操作中依靠引发剂的注入量控制反应温度。

② 压缩和聚合过程　乙烯经压缩成高压气体，高压条件下虽仍是气体，但其密度达 $0.5g/cm^3$，已接近液态烃的密度，近似于不能再被压缩的液体，称气密相状态。此时乙烯分子间的距离显著缩短，从而增加了自由基与乙烯分子的碰撞概率，易于发生聚合反应。由于乙烯聚合时可产生大量的热量，乙烯聚合转化率升高 1% 则反应物料将升高 12～13℃。如果热量不能及时移去，温度上升到 350℃ 以上则发生爆炸性分解。因此在乙烯高压聚合过程中应防止聚合反应器内产生局部过热点。

聚合过程反应温度一般在 130～350℃ 范围；反应压力一般为 122～303MPa 或更高；聚合停留时间较短，通常为 15s～2min。反应条件的变化不仅影响聚合反应速率，而且也影响产品聚乙烯的相对分子质量。当反应压力提高时，聚合反应速率加大，但聚乙烯的相对分子质量降低，而且支链较多，所以其密度稍有降低。

③ 单体回收与聚乙烯后处理 自聚合反应器中流出的物料经减压装置进入高压分离器，高压分离器内的压力为 $20\sim25$MPa，大部分未反应的乙烯与聚乙烯分离。气相经冷却，脱除蜡状的低聚物后回收循环使用。聚乙烯则进入内压小于 0.1MPa（表压）的低压分离器，使残存的乙烯分离回收循环使用。同时将防老剂等添加剂，根据生产牌号的要求注入低压分离器，与熔融的聚乙烯树脂充分混合后进行造粒。

聚乙烯与其他品种的塑料不同，需经二次造粒，其目的是增加聚乙烯塑料的透明性，并且减少塑料中的凝胶微粒。

（2）线型低密度聚乙烯 线型低密度聚乙烯分子结构的特点是仅含有由 α-烯烃共聚单体引入分子中的短支链。线型低密度聚乙烯分子中短支链的长度与数目取决于 α-烯烃共聚单体的相对分子质量及其用量。常用的 α-烯烃共聚单体为 1-丁烯、1-己烯或 1-辛烯。

所用催化剂体系主要为齐格勒催化剂，其次为菲利普斯催化剂。由于所用催化剂效率甚高，不需要与线型低密度聚乙烯进行分离。由于低压下生产线型低密度 PE 可减少基建投资和运行成本，所以线型低密度聚乙烯的产量近年来迅速上升。

工业生产中，通常采用有机溶剂淤浆聚合法、溶液聚合法或无溶剂的低压气相聚合法进行乙烯聚合，聚合反应压力明显低于低密度聚乙烯的生产。

第四节 丙烯主要衍生产品生产工艺

本节介绍丙烯腈、环氧丙烷、聚丙烯这几种丙烯主要衍生品生产工艺。

一、丙烯腈

1. 丙烯腈的性质和用途

丙烯腈（AN）的分子式为 C_3H_3N，结构式为 $CH_2=CH-C\equiv N$，相对

分子质量 53.6，沸点 77.3℃，凝固点 −83.6℃，闪点 0℃，自燃点 481℃，相对密度为 0.8060。丙烯腈在室温和常压下是具有刺激性臭味的无色液体，有毒，在空气中的爆炸极限为 3.05%～17.0%。能溶于许多有机溶剂，与水部分互溶，丙烯腈在水中溶解度（质量）为 3.3%，水在丙烯腈中溶解度 3.1%，与水形成最低共沸物，沸点 71℃。

在丙烯腈分子中有双键和氰基存在，性质活泼、易聚合，也易与其他不饱和化合物共聚，是三大合成材料的重要单体。如图 4-22 所示，丙烯腈主要用于生产聚丙烯腈纤维、ABS 树脂等工程塑料和丁腈橡胶。经过二聚、加氢制得的己二腈是聚酰胺单体己二胺的原料。丙烯腈用途分别为：合成纤维占40%～60%，树脂和橡胶各占 15%～28%。

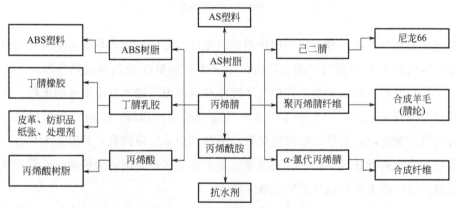

图 4-22　丙烯腈的主要用途

2. 生产流程和工艺流程

丙烯氨氧化法生产丙烯腈的流程主要由反应、回收及精制三部分组成，如图 4-23 所示。

（1）反应　液态丙烯经蒸发和过热后成为 66℃ 的气态过热丙烯，与蒸发、过热到相同温度的气态氨以 1∶1.15（摩尔比）混合后，通过丙烯、氨分布器进入流化床反应器 1，并与空气接触。

原料空气经压缩机升压并过热后进入流化床反应器的底部，经过空气分布板向上进入床层，与丙烯、氨相混合，在催化剂作用下进行氧化反应。反应器温度为 400～510℃，压力为 64kPa。反应生成的气体进入流化床反应器内的四

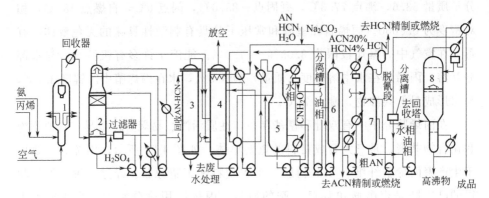

图 4-23　丙烯氨氧化生产丙烯腈工艺流程图

1—流化床反应器；2—急冷塔；3—废水塔；4—吸收塔；

5—回收塔；6—放散塔；7—脱氰塔；8—成品塔

组三级旋风分离器，分离出的催化剂返回床层。反应放出的热量由垂直安装在反应器内的 U 形冷却管中的水移出，并副产 4.36MPa 的高压过热蒸汽。

　　（2）回收　由反应器出来的气体经冷却器降温后送入急冷塔 2 的下段，将其温度骤冷至 81℃。急冷塔釜废水送入废催化剂沉降罐，反应气经下段通过升气管升至上段，与稀硫酸逆流接触，中和其中未反应的氨，并除去大部分高沸物及吹出的催化剂。急冷塔底液送至废水塔 3 回收其中的丙烯腈、乙腈和氢氰酸。急冷塔上段料液送至吸收塔 4 底部。

　　反应气体离开急冷塔后进入吸收塔 4 底部，在塔中用水逆流吸收，回收丙烯腈和其他有机反应产物。在吸收塔中，一氧化碳和二氧化碳、氮气及未反应的氧和炔类由塔顶排入大气。

　　吸收液进入回收塔 5，水作为萃取剂，采用萃取精馏的方法将粗丙烯腈与乙腈分离。回收塔顶丙烯腈、氢氰酸、水蒸气进入回收塔冷凝器冷凝冷却至40℃，之后进入回收塔分层器中分成有机层和水层，有机层送去精制，水层返回回收塔。在放散塔中，乙腈、水及氢氰酸从塔顶采出，经放散塔冷凝器冷至41℃。冷却后部分作为塔顶回流，其余送至乙腈精制系统。从放散塔第十块塔板放出的水加纯碱中和后，送吸收塔作为吸收水用。分离槽出来的油层进入脱氰塔 7 进行脱水和脱氢氰酸，塔顶蒸出高浓度氢氰酸，经冷却后送至氢氰酸精馏塔。

（3）精制 由脱氰塔釜出来的丙烯腈，送至成品塔 8 精制，从塔顶蒸出丙酮等轻组分，塔釜为含有丙烯腈的高沸物。产品丙烯腈从第 25 块塔板气相出料，冷凝后去成品中间槽。

该工艺特点是单程转化率高，不需要未反应原料的分离和循环。催化剂采用第三代改进剂 C-41。丙烯腈收率高于 85%，生产 1t 丙烯腈可回收 0.1t 以上的 HCN 副产物。

二、环氧丙烷

环氧丙烷（简称 PO）又名氧化丙烯、甲基环氧乙烷、1,2-环氧丙烷。环氧丙烷是重要的有机化工中间体之一，是丙烯衍生物中仅次于聚丙烯和丙烯腈的第三大衍生物。

1. 环氧丙烷的性质和用途

（1）环氧丙烷的性质 环氧丙烷在常温常压下为无色透明、低沸点、易燃的液体，具有类似醚类的气味。分子式 C_3H_6O，相对分子质量 58.08，凝固点 $-112.131℃$，沸点 $34.24℃$（101.3kPa），闪点 $-37℃$（开口），自燃点 $465℃$，相对密度 0.8304，折射率 1.3664（20℃），黏度 0.28mPa·s（25℃）。

环氧丙烷与水部分混溶，20℃时环氧丙烷在水中溶解度 40.5%（质量分数），水在环氧丙烷中的溶解度 12.8%（质量分数）。与乙醇、乙醚、丙酮、四氯化碳等多种有机溶剂混溶，能溶解硝酸纤维素、乙酸纤维素、乙酸乙烯酯等，与水、二氯甲烷、戊烷、戊烯、环戊烷、环戊烯等形成二元共沸物。

在空气中，环氧丙烷的爆炸极限为 3.1%～27.5%（体积分数）。环氧丙烷的化学性质活泼，易开环聚合，可与水、氨、醇、二氧化碳等反应，生成相应的化合物或聚合物。在含有两个以上活泼氢的化合物上聚合，生成的聚合物通称聚醚多元醇。

环氧丙烷蒸气易分解，应避免用铜、银、镁等金属处理和储存，应储存于25℃以下的阴凉、通风、干燥处，不得于日光下直接曝晒并隔绝火源。

（2）环氧丙烷的用途 环氧丙烷主要用于生产聚醚多元醇、丙二醇和各类非离子表面活性剂等，也用于制取甘油。其中，聚醚多元醇是生产聚氨酯泡沫、保温材料、弹性体、胶黏剂和涂料等的重要原料，各类非离子型表面活性剂在石油、化工、农药、纺织、日化等行业得到广泛应用。同时，环氧丙烷的衍生物广泛用于汽车、建筑、食品、烟草、医药及化妆品等行业，已生产的下游产品近百种，是精细化工产品的重要原料。

2. 共氧化法生产环氧丙烷的工艺

（1）化学反应过程 该工艺属烯烃液相环氧化范畴，以 ROOH 为环氧化剂。过程分过氧化、环氧化、脱水三步。以过氧化氢乙苯将丙烯环氧化生产环氧丙烷及苯乙烯的过程为例，反应的三个步骤如下。

① 乙苯氧化制过氧化氢乙苯

$$\text{（苯环）}-CH_2CH_3 \xrightarrow{+O_2} \text{（苯环）}-\begin{matrix}CHCH_3\\|\\OOH\end{matrix} \qquad (4\text{-}30)$$

② 过氧化氢乙苯使丙烯环氧化生成环氧丙烷和 α-苯乙醇

$$\text{（苯环）}-\begin{matrix}CHCH_3\\|\\OOH\end{matrix} +CH_2=CHCH_3 \longrightarrow H_2C\underset{O}{\overset{}{-}}CHCH_3 + \text{（苯环）}-\begin{matrix}CHCH_2\\|\\OH\end{matrix} \qquad (4\text{-}31)$$

③ α-苯乙醇脱水得苯乙烯

$$\text{（苯环）}-\begin{matrix}CHCH_3\\|\\OH\end{matrix} \xrightarrow{-H_2O} \text{（苯环）}-CH=CH_2 \qquad (4\text{-}32)$$

（2）催化剂 催化剂一般采用过渡金属盐。要使反应主要向环氧化方向进行，所用催化剂的金属离子必须具有低的氧化还原电位。一般采用过渡金属化合物为催化剂，其活性次序是 $Mo(VI) > W(VI) > V(V) > Ti(IV)$。最常用的是环烷酸钼。

（3）共氧化法生产环氧丙烷联产苯乙烯的工艺流程 共氧化法生产环氧丙烷联产苯乙烯的工艺流程如图 4-24 所示。

共氧化法生产环氧丙烷和苯乙烯所用的原料为丙烯和乙苯。首先乙苯与空气中氧进行液相自氧化反应制备过氧化氢乙苯，过程反应温度 140～150℃、压力 0.25MPa、反应时间 6～8h，转化率在 15% 左右。为提高选择性加入少量焦磷酸钠为稳定剂。

丙烯与过氧化氢乙苯进行液相环氧化反应生产环氧丙烷及 α-苯乙醇，这是强放热反应，为工艺的关键步骤。由于丙烯的临界温度为 92℃，而反应温度往往控制在 100℃以上，故需在溶剂存在下进行。过氧化氢乙苯中含大量乙苯，可作为溶剂。环氧化的反应条件为：温度 100～130℃，压力 1.7～

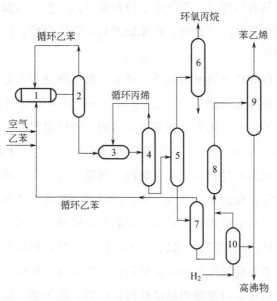

图 4-24　共氧化法生产环氧丙烷联产苯乙烯工艺流程

1—乙苯过氧化反应器；2—提浓塔；3—环氧化反应器；4—气液分离器；5—环氧丙烷反应器；

6—环氧丙烷精馏塔；7—乙苯回收塔；8—脱水反应器；9—苯乙烯精馏塔；10—苯乙酮加氢反应器

5.5MPa，n（丙烯）：n（过氧化氢乙苯）＝（2：1）～（6：1），停留时间 1～
3h，所用催化剂为环烷酸钼或其他可溶性钼盐，催化剂浓度 0.001～0.006 毫
摩尔钼盐每摩尔过氧化氢乙苯。过氧化氢乙苯转化率达 99％，丙烯转化率
10％～20％，丙烯转化为环氧丙烷的选择性 95％。

α-苯乙醇脱水转化为苯乙烯这一步工艺较成熟，脱水反应采用 TiO_2-
Al_2O_3 为催化剂，反应温度为 200～250℃，选择性达 92％～94％，副产物苯
乙酮可通过加氢转化为 α-苯乙醇。共氧化法的应用过去受到联产物市场的限
制，随着石油化工和工程塑料的大力发展，此方法将具有更加广阔的前景。

三、聚丙烯

1. 聚丙烯的性质和用途

聚丙烯简称 PP，工业聚丙烯通常为丙烯与少量乙烯的共聚物，为半透明
无色固体，无臭无毒，熔点高达 167℃，密度 0.90g/cm³，是最轻的通用塑

料。聚丙烯树脂具有韧性好、密度小、拉伸强度高、热变形温度高、生产成本低、价格竞争力强等优点。此外，填充助剂后，其注塑性、拉伸定向等机械强度性能可得到提高。

聚丙烯的品种除均聚物聚丙烯外，还有共聚、增强和共混等多种类型。以前工业聚丙烯有熔体流动速率为 0.2～20g/10min 的不同牌号，它们大体上表示不同的相对分子质量。随着添加多种抗氧剂、光稳定剂和填料生产熔体流动速率为 30～150g/10min 的高流动性产品的新技术的诞生，聚丙烯树脂的新品种层出不穷，其优良的性价比使其在纺织、薄膜、地毯等市场形成较大优势。

按加工方式分，聚丙烯主要有 3 类：注射成型制品、挤出制品和热成型制品。聚丙烯产品以注射成型制品最多，制品有周转箱、容器、手提箱、汽车部件、家用电器部件、医疗器械、仪表盘和家具等。挤出制品有聚丙烯纤维、聚丙烯薄膜等，其中双向拉伸薄膜是重要的包装用高分子材料。挤出制成的薄膜再经牵伸切割为扁丝，可制编织袋或作捆扎材料。近年来，防湿、隔气和可蒸煮的聚丙烯复合薄膜发展很快，已广泛用于食品和饮料软包装。聚丙烯管道很适宜于输送热水、工业废水和化学品。聚丙烯薄片经热成型加工制成薄壁制品，可用作一次性使用的食品容器。

2. 聚丙烯的生产工艺

聚丙烯的生产方法主要有淤浆法、液相本体法和气相本体法。

在稀释剂（如己烷）中聚合的方法称淤浆法，是最早工业化、也是迄今产量最大的方法。在 70℃ 和 3MPa 的条件下，在液体丙烯中聚合的方法称液相本体法。在气态丙烯中聚合的方法称气相本体法。

后两种方法不使用稀释剂，流程短，能耗低。聚丙烯生产技术在 1980 年以前以淤浆法为主，随后第二代本体法工艺和第三代气相法工艺脱颖而出，逐渐凭借其高性能、低成本的明显优势将第一代技术淘汰出局。另外，共聚物的研制成功大大改进了聚丙烯的低温耐冲击性、热性能及柔软性，开辟了新的市场；复配和共混形式也使聚丙烯覆盖更宽的应用领域。聚丙烯正进入第二轮成长生命周期，并且有快速发展的趋势。

（1）原料

① 丙烯　丙烯主要来源于石油裂解装置的裂解气和炼油厂的副产物炼厂

气。由于聚丙烯使用的齐格勒-纳塔催化剂对杂质的灵敏性高，所以要求单体丙烯纯度高，以保证聚合反应速率和高等规度。

裂解气和炼厂气分别经分离、精制虽可得到纯度 95%（质量分数）左右的化学纯级丙烯，但仍达不到聚合级纯度，必须进行进一步精制。方法是将丙烯通过固碱塔脱除酸性杂质；通过分子筛塔、铝胶塔脱除水分；再通过镍催化剂或载体铜催化剂塔脱氧和硫化物。最后丙烯的纯度（质量分数）可达 99.5% 以上。催化剂效率越高，对丙烯纯度的要求越高。

② 稀释剂　采取淤浆聚合法生产聚丙烯时，需用烃类作为稀释剂，使丙烯在聚合反应中与悬浮在烃类稀释剂中的催化剂作用而聚合为聚丙烯，并且可将聚合热传导至夹套的冷却水中。通常聚丙烯不溶于稀释剂中，所以反应物料呈淤浆状。石油精炼制品丁烷至十二烷都可用作稀释剂，而以 $C_6 \sim C_8$ 饱和烃为主。稀释剂中醇、羰基化合物、水和硫化物等极性杂质应低于 $10^{-6} \sim 5 \times 10^{-6}$，芳香族化合物体积分数低于 0.1% $\sim$ 0.5%。稀释剂用量一般为生产的聚丙烯量的 2 倍。

用气相或液相本体法聚合时，仅用很少量的稀释剂作为催化剂载体，此时对稀释剂质量要求可稍低些。

③ 催化剂　聚丙烯主要使用的是齐格勒-纳塔催化剂。该聚丙烯催化剂从 1957 年开始应用于工业生产以来，经过 3 个发展阶段，各发展阶段与工艺特点见表 4-2。

表 4-2　齐格勒-纳塔催化剂的发展阶段

催化剂	活性 /(kg/g)	催化剂效率 /(kg/g)	等规指数（质量分数)/%	工艺特点
第一代 1957~1970 $TiCl_3$-$AlEt_2Cl$	0.8~1.2	3~5	88~93	须脱灰 脱无规物
第二代 1970~1980 $TiCl_3$-$AlEtT_2Cl$＋路易斯酸	3~8	12~20	92~97	脱灰、脱活 不脱无规物
第三代 1980~1990 $MgCl_2$ 载体＋$TiCl_4$-$AlEt_2$	5~20	300~800	≥98	无脱灰和脱无规物程序

④ 氢　氢是相对分子质量调节剂，乙烯、1-丁烯可参与共聚，高纯度氢用来调节聚丙烯的相对分子质量，即调节产品的熔体流动速率，所以它们的含

量应予以控制，以免影响产品相对分子质量和产品性能。它们的用量为丙烯体积分数的 0.05%～1%。

（2）聚合工艺流程和操作条件

① 淤浆法　早期聚丙烯采用淤浆法生产，其流程示意图见图 4-25。淤浆法为连续式操作，饱和烃（通常用己烷）为反应介质，催化剂悬浮于反应介质中，丙烯聚合生成的聚丙烯颗粒分散于反应介质中呈淤浆状。反应釜为附搅拌装置的釜式压力反应器，容积 $10～30m^3$。催化剂在反应釜内的停留时间约 $1.3～3h$，反应温度 $50～75℃$，压力为 $0.5～1.0MPa$，反应后浆液的质量分数一般低于 42%。

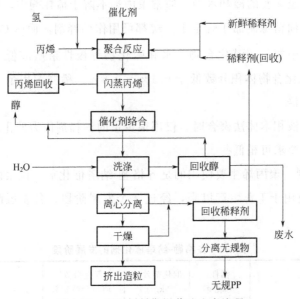

图 4-25　聚丙烯早期淤浆法生产流程

由聚合反应釜流出的物料进入压力较低的闪蒸釜以脱除未反应的丙烯和易挥发物。丙烯经冷却、冷冻为液态后经分馏塔顶回收纯丙烯循环使用。脱除丙烯后的浆液中加 2%～20% 的醇，如乙醇、丙醇、丁醇，或乙酰基丙酮，使催化剂残渣中的钛与铝于 60℃ 转化为络合物或烷氧基化合物，然后经水洗使催化剂络合物转入水相中而与聚丙烯浆液分离。

为了提高萃取效率，上述络合剂中时常采用强酸性或强碱性介质，例如加入含有 HCl 的质量分数为 0.1%～0.5% 的异丙醇作为络合剂。浆液经离心分离所得聚丙烯滤饼中大约含 50％的溶剂以及少量溶解于其中的无规聚丙烯。经溶剂洗涤后可减少无规聚丙烯含量。然后，将滤饼聚丙烯干燥。如果采用高沸点溶剂可先经水汽蒸馏，使溶剂与水汽蒸出，聚丙烯则悬浮于水相中，离心分离后经热空气干燥得到聚丙烯。如采用低沸点溶剂则采用不含水分和氧气的惰性气体氮气，在闭路循环干燥系统中进行干燥，以防止产生爆炸性混合气体。

经离心分离得到的稀释剂须经精制提纯后循环使用。塔底为黏稠液体状的无规聚丙烯。干燥后的聚丙烯加入抗氧化剂等必需的添加剂后经混炼、挤出、造粒得粒状聚丙烯商品。

② 液相本体法　液相本体法聚丙烯生产工艺，采用氢调节产品相对分子质量，生产工艺流程见图 4-26。

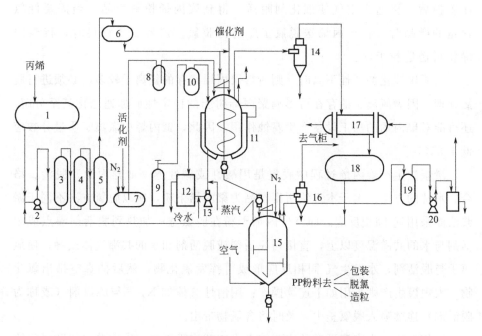

图 4-26　液相本体法聚丙烯生产工艺流程简图

1—丙烯罐；2—丙烯泵；3—氧化铝干燥塔；4—镍催化剂脱氧塔；5—分子筛干燥塔；

6—精丙烯计量罐；7—活化剂罐；8—活化剂计量罐；9—氢气钢瓶；10—氢气计量罐；

11—聚合釜；12—热水罐；13—热水泵；14,16—分离器；15—闪蒸去活釜；

17—丙烯冷凝器；18—丙烯回收罐；19—真空缓冲罐；20—真空泵

从气体分离工段送来的粗丙烯经过精制系统的氧化铝干燥塔 3、镍催化剂脱氧塔 4、分子筛干燥塔 5 脱水脱氧后，送入精丙烯计量罐 6。精丙烯经计量进入聚合釜 11，并将活化剂二乙基氯化铝（液相）、催化剂三氯化钛（固体粉末）和相对分子质量调节剂氢气，按一定比例一次性加入聚合釜中。物料加完后，向夹套内通热水，将聚合釜内物料加热，使液相丙烯在 75℃、3.5MPa 下进行液相本体聚合反应。反应生成的聚丙烯以颗粒态悬浮在液相丙烯中。随着反应时间的延长，液相丙烯中聚丙烯颗粒的浓度逐渐增加，液相丙烯则逐渐减少。每釜聚合反应时间约 3～6h。反应结束后，将未反应的高压丙烯气体用冷却水或冷冻盐水冷凝回收循环使用。釜内聚丙烯借回收丙烯后剩余的压力喷入闪蒸去活釜 15。闪蒸逸出的气体（丙烯和少量丙烷等），经分离器与夹带出来的聚丙烯粉末分离后，送至气柜回收。通 N_2 将有机气体置换后，再通入空气使催化剂脱活，得到聚丙烯粉料产品。当需要低氯含量的产品时，将聚丙烯送脱氯工序进行脱氯。需要制成粒料时，将聚丙烯粉料送造粒工序。

当所用催化剂活性不高时，则所得聚丙烯残存的氯离子较多，必须进行脱氯处理。因为氯离子的存在可影响聚丙烯树脂的稳定性而加速老化甚至分解，还可能对聚丙烯的加工设备产生腐蚀作用。因此，聚丙烯中氯离子质量分数应低于 5×10^{-5}。

淤浆法生产聚丙烯过程中脱氯是用酸性或碱性醇（如异丙醇）脱活、络合、水洗的方法。由于本方法所得产品为聚丙烯干粉，所以脱氯方法不同于淤浆法而采用气-固相反应。即将聚丙烯干粉在脱氯釜中加热到脱活剂沸点或脱活剂与水的共沸温度以上，直接与脱活剂或脱活剂和水的共沸气体接触，使氯离子与脱活剂、水发生气-固相反应形成可挥发氯化物，然后抽真空排出氯化物。大规模生产则采用如下连续操作：用惰性气体如 N_2 气与脱氯剂（或称为脱活剂）连续喷入脱氯釜中，及时将含氯物带出。

液相本体法生产聚丙烯的主要特点为工艺流程简单，采用单釜间歇操作原料适应性强，可以用炼油厂生产的丙烯为原料进行生产；动力消耗和生产成本低；装置投资少见效快，经济效益好；"三废"少，环境污染小；产品可满足中、低档制品需要。

缺点是目前还未普遍采用高效载体催化剂，装置规模小，单线生产能力低，自动化水平低；产品质量与大型装置的产品有差距，牌号少，应用范围窄，难以用来生产丙纶纤维等高档制品。

第五节 丁二烯及其衍生品生产工艺

本节介绍丁二烯及其衍生品甲基叔丁基醚的主要性质、用途以及它们的生产工艺。

一、丁二烯

1. 丁二烯的性质和用途

丁二烯的工业产品主要是 1,3-丁二烯，在室温和常压下为无色略带大蒜味的气体。相对分子质量 54.088，凝固点 $-108.9℃$，沸点 $-4.41℃$，闪点 $-76℃$，有毒，在空气中的爆炸极限为 $2.0\%\sim11.5\%$。能溶于苯、乙醚、氯仿、汽油、丙酮、糠醛、无水乙腈、二甲基乙酰胺、二甲基甲酰胺和 N-甲基吡咯烷酮等许多有机溶剂，微溶于水和醇。其异构体 1,2-丁二烯，对聚合反应不利，无重要工业用途。

丁二烯是重要的聚合物单体，能与多种化合物共聚制造各种合成橡胶和合成树脂。丁二烯每年消耗量中约有 90% 以上用于合成丁苯橡胶、顺丁橡胶、丁腈橡胶、氯丁橡胶和 ABS 树脂等，少量用于生产环丁砜、1,4-丁二醇、己二腈、己二胺、丁二烯低聚物及农药克菌丹等。

2. 丁烯氧化脱氢制丁二烯工艺

（1）丁烯氧化脱氢的化学反应

主反应：

$$C_4H_8+1/2O_2 \longrightarrow C_4H_6+H_2O+125.4kJ/mol \qquad (4-33)$$

副反应：

① 氧化降解生成醛、酮、酸等含氧化合物；

② 完全氧化生成一氧化碳、二氧化碳；

③ 氧直接加入分子中生成呋喃、丁烯醛、丁酮等；

④ 氧化脱氢二聚芳构化生成芳烃;

⑤ 丁烯双键位移反应,即正丁烯的 3 种异构体以相当快的速率进行异构化反应。

丁烯氧化脱氢反应在任何温度下平衡常数都很大,因此丁烯氧化脱氢反应,在热力学上是很有利的,可接近完全转化。

(2) 丁烯氧化脱氢催化剂   丁烯氧化脱氢的催化剂主要有下列几类。

① 钼酸铋系催化剂   如 Mo-Bi-P-O、Mo-Bi-Fe-P-O 和 Mo-Bi-P-Fe-Co-Ni-K-O 等。

② 混合氧化物系催化剂   如锡-锑氧化物、锡-磷氧化物和铁-锑氧化物等,其中锡-锑氧化物催化剂最常用。

③ 尖晶石型铁系催化剂   该类催化剂一定要由 Zn^{2+} 或 Mg^{2+} 与 Fe^{3+} 和 Cr^{3+} 组成 $Zn-CrFeO_4$ 或 $Mg-CrFeO_4$ 的尖晶石结构才有活性。铁系催化剂在收率、选择性、转化率方面优于钼酸铋系催化剂,所以目前多用铁系催化剂。

(3) 丁烯氧化脱氢工艺条件   影响丁二烯生产的因素主要有反应温度、反应压力、丁烯空速、氧烯比及水烯比。

① 反应温度   丁烯氧化脱氢反应为放热反应,在一定温度范围内丁烯转化率与丁二烯收率逐渐增加,而一氧化碳与二氧化碳收率之和略有提高,丁二烯选择性无明显变化。反应温度过高会导致丁烯深度氧化反应加剧,深度氧化产物明显增多,不利于产物丁二烯的生成。温度过低,丁二烯的收率随之下降,反应速率减慢。因此,必须选择适宜的反应温度。采用流化床反应器反应温度一般控制在 360~380℃;而采用固定床二段绝热反应器,一般一段入口温度为 320~380℃,出口温度为 510~580℃,二段入口温度 335~370℃,出口温度为 550~570℃。

② 反应压力   由反应动力学方程可见,增加压力反应速率增大,丁烯转化率增加。从化学反应方程式知,生成一氧化碳及二氧化碳的反应为物质的量增加的反应,压力增大有利于提高深度氧化反应的平衡转化率,但最终会导致反应选择性下降,丁烯消耗增加。同时,压力增大,反应温度升高,加剧了副反应的进行,造成恶性循环。因此,压力的选择应综合考虑。

③ 丁烯空速   随着丁烯空速增加,丁烯的转化率、丁二烯的收率及 $CO+CO_2$ 的收率均下降,而丁烯的选择性稍有上升。采用流化床反应器,空速与

反应器的流化质量有直接关系，空速增加，催化剂带出增多。空速低，流化不均匀，造成局部过热，催化剂失活，选择性下降，副反应增多。考虑以上几方面的影响，流化床反应器空速通常选择 $200\sim270/h$，固定床反应器空速为 $210\sim250/h$ 较为适宜。

④ 氧烯比　氧烯比（摩尔比）增大，丁二烯收率上升，$CO+CO_2$ 的收率也明显增加，丁二烯选择性下降。但氧烯比过高，会导致深度氧化副反应加剧，并使生成气中未反应的氧量增加，在加压条件下易生成过氧化物而引起爆炸。氧烯比小，将促使催化剂中晶格氧下降，使催化剂的活性降低，从而降低转化率和选择性，同时缺氧还会使催化剂表面上积炭加快，寿命缩短。通常流化床反应器氧烯比为 $0.65\sim0.75$，固定床反应器为 $0.70\sim0.72$ 较适宜。

⑤ 水烯比　水蒸气作为稀释剂和热载体，具有调节反应物及产物分压、带出反应热、避免催化剂过热的功效。此外，水蒸气还可以参与水煤气反应，消除催化剂表面积炭以延长使用寿命。在生产中，流化床反应器水烯比控制在 $9\sim12$ 之间，固定床反应器水烯比控制在 $12\sim13$ 之间。

（4）丁烯氧化脱氢制丁二烯工艺流程　在考虑丁烯催化氧化脱氢制丁二烯的流程时，应注意该反应是强放热反应，为维持反应温度必须及时移去反应热；该反应产物沸点低，在酸存在下易自聚；副产物类型多，其中不饱和的含氧化合物在一定压力、温度条件下易自聚，而且酸可加速自聚的速率；副产物大部分溶于水，因此可用水作溶剂使丁烯及丁二烯与副产物分离。根据上述特点，流化床丁烯氧化脱氢制丁二烯的流程如图 4-27 所示。

纯度为 98% 以上的丁烯馏分，预热蒸发后与水蒸气以 11∶1（质量比）、氧烯比 0.7 在混合器中混合后进入流化床反应器，在催化剂作用下，进行氧化脱氢反应。反应温度为 370℃ 左右，反应压力为 0.18MPa，反应器内设置一定数目的直管，借加热水的汽化移走反应热，并副产蒸汽。反应气体的组成主要是丁二烯、未反应的丁烯及 N_2、CO、CO_2 和其他含氧有机物等。反应气在反应器顶部经旋风分离器除去夹带的催化剂后，进入废热锅炉，回收部分热量。然后进入水冷塔，用水直接喷淋冷却，并洗去有机酸等可溶性杂质，水循环使用，塔顶引出的气体经过滤脱除其中的水分后由压缩机升压至 1.1MPa 左右。压缩过程中分离出来的凝液进入闪蒸器，闪蒸后返回水冷塔。升压的气体进入洗醛塔，用水洗涤除去其中醛、酮含氧化合物，塔底醛水送至蒸醛塔，蒸

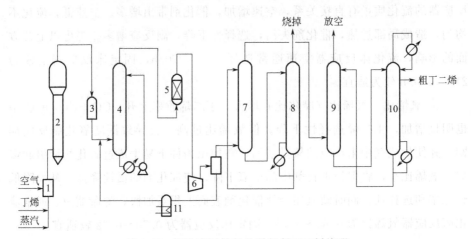

图 4-27　流化床丁烯氧化脱氢制丁二烯流程

1—混合器；2—流化床反应器；3—废热锅炉；4—水冷塔；5—过滤器；

6—压缩机；7—洗醛塔；8—蒸醛塔；9—吸收塔；10—解吸塔；11—闪蒸器

出醛等含氧化合物，因量很少，就作为废液烧掉，塔底水循环使用。来自洗醛塔顶的气体进入吸收塔，与吸收剂 C_6 油逆流接触，塔顶为未被吸收的产物（N_2、CO、CO_2 和 O_2）。富含丁烯、丁二烯的吸收油从塔底引出进入解吸塔，在解吸塔侧线采出粗丁二烯待进一步精制，塔底得解吸后的吸收油，返回系统循环使用。粗丁二烯经萃取、精馏等过程可得99％丁二烯产品。

二、甲基叔丁基醚

1. 甲基叔丁基醚的性质和用途

（1）甲基叔丁基醚的性质　甲基叔丁基醚（MTBE），沸点55.2℃，熔点−109℃，闪点−10℃，密度740.6kg/m³（20℃），外观是无色液体，具有醚样气味，爆炸极限（体积分数）为 1.6％～15.1％，研究法辛烷值（RON）117，马达法辛烷值（MON）101，与水互溶。

（2）甲基叔丁基醚的用途　MTBE 是一种优良的高辛烷值汽油添加剂和抗爆剂，它可以任意比与汽油混溶。并且其水溶性极低，调和时不会发生浑浊现象，这是甲醇和乙醇等辛烷值改进剂所不及的，同时 MTBE 具有良好的化学稳定性、物理稳定性和低毒性，便于储存和运输。

1973 年，意大利 ANIC 公司的世界上第一套甲基叔丁基醚工业装置投产以后，MTBE 才成为工业产品。其后甲基叔丁基醚大量作为无铅汽油添加剂而获得迅速发展。以后的短短几年中，德国、美国、荷兰等国相继新建了许多套生产装置，MTBE 一跃成为主要汽油添加组分的石油化工产品。

MTBE 裂解，可以制得高纯度异丁烯。MTBE 还可以作为反应溶剂、萃取剂等。

2. 甲基叔丁基醚的生产工艺

异丁烯与甲醇在酸性催化剂存在下发生以下反应：

$$(CH_3)_2C = CH_2 + CH_3OH \longrightarrow CH_3OC(CH_3)_3 + 37kJ/mol \qquad (4-34)$$

副反应主要是异丁烯二聚生成二异丁烯，原料中水分与异丁烯反应生成叔丁醇，甲醇缩合反应生成二甲醚等。异丁烯和甲醇生成 MTBE 的反应为可逆反应，由于该反应选择性较好，副反应可忽略不计。

（1）甲基叔丁基醚生产的工艺条件　影响甲基叔丁基醚生产的因素主要有反应温度、甲醇与异丁烯的摩尔比、催化剂等。

① 反应温度　甲醇与异丁烯反应生成甲基叔丁基醚的反应为放热反应，温度增高不利于醚的生成，反应向异丁烯平衡转化率减少的方向移动，平衡转化率减少，反应后碳四馏分（C_4）中的异丁烯质量分数增大。所以从热力学的角度看，低温对该反应有利。

但从动力学方面考虑，在反应初始条件下，甲基叔丁基醚浓度近似为零，因而反应仅向生成甲基叔丁基醚的方向进行。反应温度越低，反应速率越慢，达到平衡的时间越长，故温度过低对反应不利。通常，在工业生产中为提高设备生产能力，甲基叔丁基醚的生产不能在 40℃ 以下操作。在工业生产中，要使分离后碳四中异丁烯质量分数小于 0.5%，采用一步反应工艺过程是无法实现的，需经两步反应、两步分离。首先将生成的甲基叔丁基醚分离，然后进行二次反应。

② 甲醇与异丁烯的摩尔比　甲醇与异丁烯的摩尔比越高，二异丁烯选择性下降，甲基叔丁基醚的选择性上升。另外，甲醇与异丁烯的摩尔比上升，异丁烯的平衡转化率也增加，故提高甲醇与异丁烯的摩尔比是有利的。但是，甲醇与异丁烯的摩尔比太高，将使反应生成物中甲醇浓度增加，从而增加分离、

回收系统的操作费用。通常甲醇与异丁烯的摩尔比以（1.1～1.2）∶1 较好。

③ 催化剂　一般采用磺酸型二乙烯苯交联的聚苯乙烯结构的大网孔强酸性离子交换树脂为催化剂。

（2）甲基叔丁基醚生产的工艺流程　甲基叔丁基醚生产的工艺流程简单，一般包括催化合成、MTBE 回收、提纯和剩余 C_4 中甲醇回收 3 个部分。工业化装置很多，其中以意大利 Snam/Anic 公司和德国 Huk 公司的技术应用较为普遍。

① Snam 法❶　Snam 法工艺流程见图 4-28。

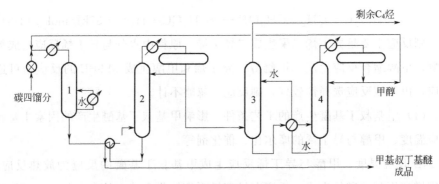

图 4-28　Snam 法工艺流程
1—醚化反应器；2—MTBE 提纯塔；3—水洗塔；4—甲醇回收塔

甲醇和含异丁烯的 C_4 馏分经预热送至反应部分。反应器为固定床列管式反应器，管外用水冷却，反应温度 50～60℃。反应产物中含有 MTBE，未反应的异丁烯、甲醇，不起反应的正丁烯、丁烷，还有极少量副产物（二异丁烯、叔丁醇）。反应物进入提纯系统前与提纯塔釜产物进行热交换。提纯塔为简单蒸馏塔，塔操作压力约为 0.6MPa。塔顶蒸出剩余四碳烃，并携带共沸组分甲醇（甲醇质量分数约 2%）。提纯塔釜为甲基叔丁基醚成品，经与进料换热后送入贮罐，塔顶剩余 C_4 烃送入水洗塔回收甲醇。水洗塔釜甲醇水溶液进入甲醇回收塔，回收塔顶蒸出的甲醇循环回反应器。回收塔釜的水返回至水洗塔顶部作洗涤水，水作闭路循环。水洗后的碳四尾气中甲醇质量分数可降至 10×10^{-6} 以下。

---

❶ Snam 法是 Snam/Anic 公司开发的 MTBE 生产典型工业流程。

该流程使用单台反应器，以含50%异丁烯的碳四馏分为原料，异丁烯转化率为94%～98%，反应后碳四馏分含异丁烯小于6%，成品甲基叔丁基醚质量分数大于99%。如果要将异丁烯转化率提高至99%以上，需要第二段反应器。两段反应间分离出MTBE粗品，以提高第二段反应异丁烯的转化率。

② Huls法 常压下MTBE/CH$_3$OH共沸组成中MTBE质量分数为86%，压力为0.8MPa，共沸组成中MTBE质量分数仅为常压下的一半。Huls工艺利用了MTBE/CH$_3$OH共沸物共沸组成随压力变化的特点，采用加压蒸馏的方法，使MTBE/CH$_3$OH的共沸组成中MTBE质量分数降低，从而减少MTBE的循环量，节约能耗，其工艺流程见图4-29。

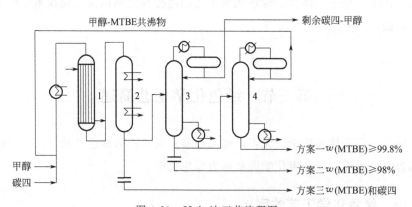

图4-29 Huls法工艺流程图

1—第一反应器；2—第二反应器；3—第一分馏塔；4—第二分馏塔

此方法特点是采用两台串联反应器，第一段用水外冷却的列管式反应器，大部分异丁烯在此段转化；第二段采用备有冷却水盘管的层式反应器，反应温度较低（40～70℃），以达到高的平衡转化率。流程中包括两个蒸馏塔，第一塔塔顶为剩余C$_4$及与甲醇形成的共沸物，塔釜产物送至第二塔。第二塔塔顶馏出的MTBE与甲醇的共沸物循环返回第一反应器。第二分馏塔釜为MTBE成品。该流程异丁烯转化率约98%，MTBE质量分数可达99.8%。

第五章

化工生产与绿色化学工艺

随着社会的发展，化工行业给人类带来新生活的同时，也带来了一系列有关环境的新问题，而绿色化工的提出就是为了解决这一系列的问题。本章主要就绿色化学、原子经济性、绿色化学工艺的途径与案例以及生物技术生产大宗化学品做一些介绍。

第一节　绿色化学工艺简述

绿色一词常代表安全、无害，如无污染食品被称为绿色食品，无障碍通道被称为绿色通道，无公害化学即被称为绿色化学。

一、绿色化学工艺的定义

1. 化学工艺

应用化学原理和技术，改变物质的组成和性质，以制造各种化学品的生产过程，称为化学工艺。

2. 化学工艺的两个阶段

一是产品设计阶段，包括：设计安全化学品（有效、低毒）；选择可再生资源（材料、能源）；设计使用后分解为无害物质的化学品。

二是产品制造阶段，包括：使用最低温度、压力条件的工艺；化学中间物的循环使用；生物友好溶剂及催化剂。

3. 绿色化学

绿色化学，又称环境无害化学。1991 年，美国化学会提出，绿色化学是指利用现代科学技术和化学原理及方法，从根本上减少或消除化学工业及其他工业过程中有害物质的使用和污染环境的废弃物的排放，使反应物原子全部转化为期望的最终产物。其手段是采用高选择性催化剂和化学反应、原子经济性反应和过程密集化新技术，减少废弃物的产生，实现生产的"零排放"。

4. 绿色化学特点

（1）原子经济性 在获取新物质的转化过程中提高原子的利用率，充分利用每个原子，力图使原料的每个原子都转化为产物，实现"零排放"，既可以充分利用资源，又不产生污染。特罗斯特在 1991 年首先提出了原子经济性的概念，这一概念引导人们设计合成工艺，在设计合成途径中如何经济地利用原子，避免用保护基或离去基团。这样设计的合成方法就不会有废弃物产生，而是环境友好的。

（2）生产过程无害化 在获取新物质的生产过程中，减少和消除有害物质的使用，如原料、辅料、助剂、溶剂和催化剂等，减少和消除"三废"产生，实现"零排放"。

（3）产品绿色化 设计、采用高选择性催化剂、化学反应，实现目标产物高量化、安全化，毒理效力和功能恰当平衡，功能用尽时可降解。

（4）可持续性 绿色化学从源头上防止污染的产生，考虑环境、经济和社会的和谐发展和可持续发展。区别于环境治理，从源头防止污染的产生，而不是对已被污染的环境进行治理，构筑末端治理。

（5）化学工艺的绿色化 就是从原料、能源、技术、产品和设备等环节减少废物的产生。即强调在生产之初就考虑能源与资源的循环利用，在污染产生之前就予以控制，构筑绿色化学工艺。

5. 绿色化学工艺

在绿色化学基础上发展的化学生产技术，又称环境友好工艺或清洁生产工艺。绿色化学工艺即是以绿色化学为基础的化学工艺，体现在化学品的生产过程中，充分利用资源和能源，减少或避免有毒有害物质的使用与产生，实现废物的"零排放"，使产品对环境和生态"友好"。

二、绿色化学工艺研究内容

① 研究绿色化学工艺起始原料性质。

② 开展绿色化工中新型溶剂和各类助剂的研发。

③ 深入绿色化工中新反应过程的研发，包括新合成方法、新催化剂、新型反应器、新的反应条件、转化反应的高选择性。

④ 研究绿色化工终端产品和目标产品的性质。

⑤ 研究实现绿色化学工艺的途径

a. 改变原料，用可再生资源替代不可再生资源，以清洁原料代替有毒有害原料。

b. 改变反应条件，更新反应试剂，更新溶剂，更新催化剂。

c. 进行目标产品的安全设计。

d. 开展全过程分析和控制。

三、绿色化学工艺的特点

1. 使用清洁的原辅材料和能源

① 不用或少用有毒、有害原料。

② 用 CO_2 作为合成原料。

③ 以生物质为原料。

④ 使用清洁溶剂。

⑤ 使用绿色的催化剂。

⑥ 使用清洁能源。

2. 采用合理的技术工艺

（1）提高合成反应的原子经济性　下面对两种生产工艺的原子经济性进行比较。

① 工艺一，使用剧毒原料 HCN、腐蚀性酸 H_2SO_4，原子利用率 47%。

$$CH_3CCH_3 + HCN \longrightarrow H_3C-\underset{CN}{\overset{OH}{\underset{|}{\overset{|}{C}}}}-CH_3 \xrightarrow[H_2SO_4]{CH_3OH} H_2C=\overset{CH_3}{\underset{|}{C}}-\overset{O}{\overset{||}{C}}-OCH_3$$

② 工艺二，原料元素安全，原子利用率100％。

$$CH_3-C{\equiv}CH + CO + CH_3OH \longrightarrow H_2C{=}\overset{CH_3}{\underset{}{C}}-\overset{O}{\underset{}{C}}-OCH_3$$

（2）寻求物质闭合循环途径 传统工艺采用1,4-丁二醇脱氢生产 γ-丁内酯，有副产物氢气产生，需加压回收或直接放空；2-甲基呋喃生产的传统工艺是采用糠醛加氢生产，需制氢装置或购买氢气。若把两种工艺耦合，将第一种产品生产工艺中产生的副产物氢气作为第二种产品生产的原料，形成闭合循环途径，既降低成本，又减少废物排放。

（3）开发新合成路线 RCC公司开发抗病毒药物Cytovene，采用从鸟嘌呤三酯出发的新合成路线，将反应试剂和中间产物从22种减少到11种，减少了66％的废气排放和89％的固体废弃物，5种反应试剂中有4种可循环使用，产率提高了2倍。

3. 采用绿色化工技术

传统的环氧丙烷工业生产方法主要有氯醇法、共氧化法和直接氧化法，其优缺点见表5-1。

表 5-1 传统的环氧丙烷工业生产方法比较

传统生产方法	优点	缺点
氯醇法	流程短,工艺成熟	"三废"多,腐蚀设备,原子利用率31％
共氧化法	清洁生产工艺	工艺较长,投资额大
直接氧化法	流程简单,无污染	副产物是水

4. 产品绿色化

一些化学品（如杀虫剂）往往很难同时实现完全无毒和最强的功效，绿色化学工艺设计能使毒理效力和功能两个目标恰当平衡。如目前常用的杀虫剂，大多对人畜生命、生态平衡存在一定或严重的危害，美国陶氏益农公司开发了一种杀虫剂，通过抑制昆虫外壳的生长来除虫，该化合物对人畜无害，是美国

EPA 认证的第一个无公害的杀虫剂。当前商品大多采用包装后销售，许多包装材料作为垃圾处理，既浪费资源，又污染环境。科学家正在研发一款以牛乳蛋白质为原材料的可以吃的包装薄膜；也可以用可食用材料制成一次性餐具、药物的胶囊等，实现产品绿色化。

第二节　原子的经济性

长期以来，在化学工业生产上，人们习惯用产物的选择性或产率作为评价化学反应过程或某一合成工艺优劣的标准，然而这种评价指标是在单纯追求最大经济效益的基础上提出的，忽略了副产品的产生，没有考虑对环境产生的影响，无法评判工艺过程中废弃物排放的数量和性质。绿色化学工艺的宗旨是可持续性，不仅追求过程最大效益，还应从源头预防污染，实现废弃物"零排放"。

一、原子经济性基本概念

原子经济性或原子利用率的概念最早由美国斯坦福大学的特罗斯特教授于1991 年提出。他针对传统的一般仅用经济性来衡量化学工艺是否可行的做法，明确指出应该用一种新的标准来评估化学工艺过程，即选择性和原子经济性；指出高效的有机合成反应应最大限度地利用原料分子的每一个原子，使之结合到目标分子中，达到"零排放"。

原子经济性考虑的是在化学反应中究竟有多少原料的原子进入产品之中，这一标准既要求尽可能地节约不可再生资源，又要求最大限度地减少废弃物排放。理想的原子经济性反应是原料分子中的原子百分之百地转变成产物，不产生副产物或废物，实现废物的"零排放"。原子经济性的概念目前也被普遍承认，由此，特罗斯特获得 1998 年美国"总统绿色化学挑战奖"的学术奖。

原子经济性可表示为

$$原子经济性（原子利用率）=\frac{目标产物分子的质量}{反应物分子的质量总和}\times100\%$$

或者

$$原子经济性 = \frac{被利用原子的质量}{反应中所使用的全部反应物分子的质量} \times 100\%$$

原子经济性是衡量所有反应物转变为最终产物的量度。如果所有的反应物都被完全结合到产物中，则合成反应具有 100% 的原子经济性。理想的原子经济性反应是不使用保护基团、不形成副产物的，因此，加成反应、分子重排反应和其他高效率的反应是绿色反应，而消除反应和取代反应等的原子经济性较差。原子经济性是一个有用的评价指标，正为化学化工界所认识和接受。但是用原子经济性来考察化工反应过程过于简化，它没有考察产物收率，过量反应物、试剂的使用，溶剂的损失，以及能量的消耗等，单纯用原子经济性作为化工反应过程绿色性的评价指标还不够全面，应结合其他评价指标才能做出科学的判断。

$$A + B \longrightarrow C + D$$

反应式中，C 为产物，D 为废物或副产物。若 D 为零，则原子利用率为 100%。

$$原子经济性(原子利用率) = \frac{C的相对分子质量}{A的相对分子质量 + B的相对分子质量} \times 100\%$$

通过原子利用率可以衡量在一个化学反应中，生产一定量的目标产物到底会生成多少废弃物。

二、原子经济性反应的两大特点

① 原子经济性即在获取新物质的化学过程中充分利用每个原料原子，最大限度地使用反应原料，实现"零排放"。

② 充分利用资源，最大限度地减少了废物排放，因而最大限度地减少了环境污染，也就是从源头上帮企业降低了生产过程中产生的"三废"。

三、原子经济性反应设计

假定卤代烷烃为目标产物，如采用醇与卤化磷反应制备卤代烃：

$$3ROH + PX_3 \longrightarrow 3RX + H_3PO_3$$

如采用卤代烃和卤化物进行卤素交换的方法：

$$RX + NaX_1 \Longrightarrow RX_1 + NaX$$

如采用烯烃与卤化氢加成反应的方法：

$$RCH = CH_2 + HX \longrightarrow R'X$$

就合成路线来讲，大多数都是由简单原料合成复杂分子，在寻找安全有效的合成路线时，希望每一步都是原子经济性的会有一定的困难。因此，要对合成路线进行全面的分析，通过合成路线中各步的整合，达到最终整条合成路线的原子经济性。

四、提高化学反应原子经济性的途径

绿色合成的核心是使反应实现原子经济性，然而真正的原子经济性反应是非常有限的。因此，不断寻找新的途径，提高合成反应的原子利用率是十分重要的。近年来，在这方面取得了可喜成果，很好地实现了有机合成过程的绿色化。

1. 开发新催化材料

催化剂不仅使化学反应速率成千上万倍地提高，还可以高选择性地生成目标产物。据统计，在化学工业中 80% 以上的反应只有在催化剂作用下才能获得具有经济价值的反应速率和选择性。而新的催化材料是创造新型催化剂的源泉，也是提高原子经济性、开发绿色合成方法的重要基础。

2. 简化反应步骤

精细化工和药物化学中，有些化合物往往需要多步合成才能得到，尽管有时单步反应的收率提高了，但整个反应的原子经济性却不甚理想，若改变反应途径，简化合成步骤，就能大大提高反应的原子经济性。

如布洛芬，非类固醇消炎剂，具有止痛消肿的作用。英国诺丁汉州的 Boots 公司创建了 Brown 合成方法，在 1960 年取得了布洛芬合成的专利认证，许多年来工业上生产布洛芬都采用这一方法，Brown 合成法如图 5-1 所示。该方法需要经过六步反应才能得到产物，原料的原子利用率为 40%，如表 5-2 所示。德国的 BHC 公司于 1992 年发明了新方法，只需要三步反应（图 5-2），将原子利用率提高到 77%，如表 5-3 所示。因此该公司于 1993 年赢得了 Kirpafrick 化学成就奖、1997 年获得了美国"总统绿色化学挑战奖"的"变更合

成路线奖"。

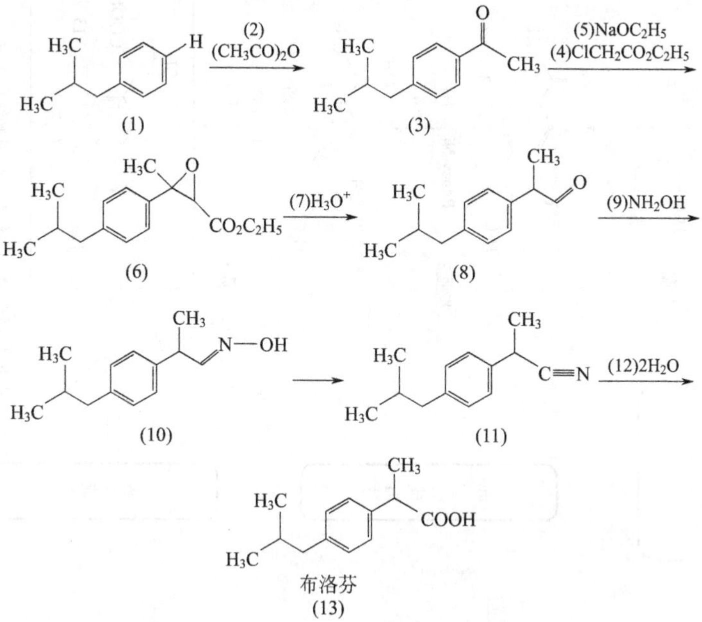

图 5-1　Brown 法合成布洛芬流程

表 5-2　**Brown 法合成布洛芬的原子经济性**

试剂			被利用部分		未利用部分	
编号	分子式	相对分子质量	分子式	相对分子质量	分子式	相对分子质量
1	$C_{10}H_{14}$	134	$C_{10}H_{13}$	133	H	1
2	$C_4H_6O_3$	102	C_2H_3	27	$C_2H_3O_3$	75
4	$C_4H_7ClO_2$	122.5	CH	13	$C_3H_6ClO_2$	109.5
5	C_2H_5ONa	68		0	C_2H_5ONa	68
7	H_3O^+	19		0	H_3O	19
9	NH_3O	33		0	NH_3O	33
12	H_4O_2	36	HO_2	33	H_3	3
反应物合计			布洛芬		产生的废物	
$C_{20}H_{42}NO_{10}ClNa$		514.5	$C_{13}H_{18}O_2$	206	$C_7H_{24}NO_8ClNa$	308.5

原子经济性＝布洛芬相对分子质量/所有反应物相对分子质量×100％＝ 206÷514.5×100％＝40％

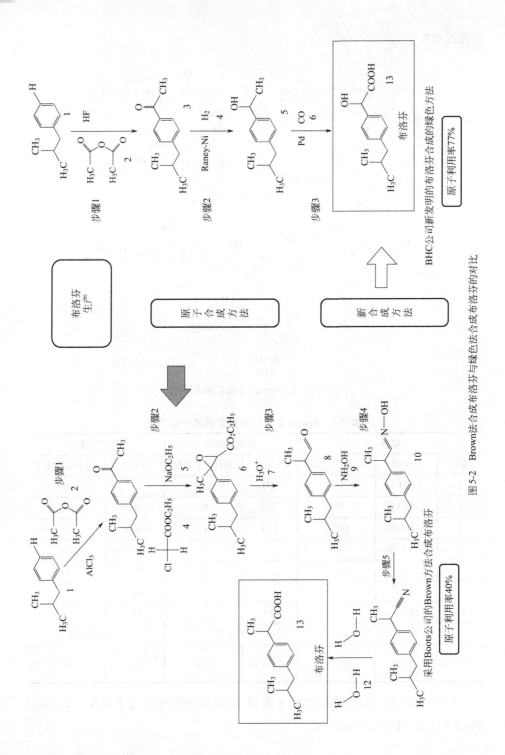

图 5-2 Brown法合成布洛芬与绿色法合成布洛芬的对比

表 5-3　绿色法合成布洛芬的原子经济性

试剂			被利用部分		未利用部分	
编号	分子式	相对分子质量	分子式	相对分子质量	分子式	相对分子质量
1	$C_{10}H_{14}$	134	$C_{10}H_{13}$	133	H	1
2	$C_4H_6O_3$	102	C_2H_3O	43	$C_2H_3O_2$	59
4	H_2	2	H_2	2	—	0
6	CO	28	CO	28	—	0
合计			产物布洛芬		产生的废物	
$C_{15}H_{22}O_4$		266	$C_{13}H_{18}O_2$	206	$C_2H_4O_2$	60

原子经济性 $= 206/266 \times 100\% = 77\%$

3. 采用新的合成原料

甲基丙烯酸甲酯（MMA）俗称有机玻璃，透明性高，耐候性好，光学性能优良，是一种重要的有机化工原料。

当前，工业上生产甲基丙烯酸甲酯主要采用丙酮-氰醇法（ACH），以丙酮、氰氢酸（HCN）、甲醇为原料，生产工艺包括 ACH 合成、甲基丙烯酰胺硫酸盐、酯化、MMA 提纯和精制、酸性废水回收和处理五个工序，原子利用率为 47%。该方法是由英国帝国化工公司（ICI）于 1932 年首次实现工业化的。在美国和西欧主要的生产甲基丙烯酸甲酯地区中，该方法始终处于主导地位，分别占美国和西欧甲基丙烯酸甲酯生产力的 100% 和 95%。该方法因使用剧毒化学试剂 HCN 和腐蚀性试剂硫酸，严重危害环境，属于非环境友好的化学反应。

1996 年，Shell 公司开发了一种新工艺，以甲基乙炔、甲醇、CO 为原料，由二价钯化合物（可取代的有机磷配位体）、质子酸和一种胺添加剂组成的均相钯催化剂体系为催化剂，一步制得 MMA，原子利用率为 100%，反应选择性高达 99.9%，单程转化率高达 98.9%，具有很高的经济效益和环境效益。

第三节　绿色化学工艺的途径与实例

绿色化学是用化学的技术和方法减少或消除那些对人类健康、社区安全、生态环境有害的原料、催化剂、溶剂、产物、副产物等的使用与产生。绿色化学的理想是不再使用有毒、有害的物质，不再产生废弃物，把污染治理转变为污染预防。它是一门从源头上阻止环境污染的新兴学科分支，它追求可持续发展。

一、绿色化学工艺的途径

1. 原料的绿色化

生产化学品，首先要选择原料。原料的选择往往决定了不同的生产流程和方法。绿色化学工艺的目标之一就是不使用有毒有害的原料。即便采用化学物质作原料，也应尽量无毒无害。

为了从源头上防止环境污染，应选用可再生的自然物质如生物质（包括农作物、野生植物）作原料。以植物为主的生物质资源是一个巨大的可再生资源宝库，利用可再生资源可以消除污染，用之不竭，实现可持续发展。例如，将农副产品的废弃物（如稻草、麦秸、蔗渣）或野生纤维植物（如树枝、木屑、芦苇）加工为酸、酮、醇类化学品和糠醛；将木质素氧化转换为苯醌；用糖作物生产乙酰丙酸或乳酸；用生物质气化制造氢气等，都是绿色原料的典型例子。而用谷物和糖作物制得的葡萄糖更是化学品优良的替代原料。生物质还是理想的石油品替代原料，生物质炼制可减少或避免石油化学炼制中污染严重的氧化过程，而且产品具有环保功能。绿色化学工艺的途径如图 5-3 所示。

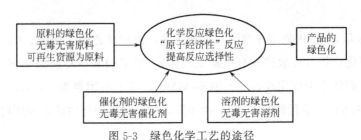

图 5-3　绿色化学工艺的途径

2. 催化剂的绿色化

目前，约 90% 以上的化学反应要实现工业化生产，必须采用催化剂以提高其反应速率。开发新型高效、无毒无害的催化剂是绿色化学工艺的途径之一。

异丁烷与丁烯烷基化生产工业异辛烷是"原子经济性"反应，但这种工艺使用的是氢氟酸或硫酸等液体酸催化剂，设备腐蚀严重，产生的废液又污染环境。因此，国内外都在研发新的烷基化固相催化剂。

上海石油化工研究院开发的合成丙二醇醚固体酸催化剂及其工艺，具有产品收率高，物耗、能耗低，腐蚀、污染小等优点。分子筛催化剂也得到了很好的开发和应用。另外，硫氧化碳水解催化脱硫技术也发展很快，该技术既节能，转化率又高，能在更温和的条件（较低温度甚至常温）下将 COS 转化清除。近几年，硫氧化碳水解催化法串联常温氧化锌法的精细脱硫新工艺，已在我国联醇氮肥厂推广使用。在生物化工中以活性酶为催化剂代替传统化工使用的化学催化剂，具有反应条件温和、能耗低、选择性强、事故隐患小、能利用可再生资源等优点。采用对环境无害的纳米技术及电子束、离子束和超临界物质作反应媒介，更是催化反应技术的发展方向。以 AlCl₃ 和新一代无毒无害固体酸为催化剂的生产方法对比见表 5-4。

表 5-4 以 AlCl₃ 和新一代无毒无害固体酸为催化剂的生产方法对比表

反应类型	传统化学工艺	绿色化学工艺
乙烯与苯烷基化	AlCl₃	ZSM-5 气相法、USY、β 液相法
丙烯与苯烷基化	AlCl₃	MCM-22 液相法
长链烯烃与苯烷基化	HF	固体酸-固定床

目前芳烃烷基化所用的分子筛固体酸催化剂虽然环境友好，但是其酸强度低、分布不均、酸中心少，因而反应温度和压力高，产品杂质增多。为克服上述缺点，新一代芳烃烷基化固体酸催化剂主要为杂多酸、包裹型液体酸、Nafion/SiO₂ 复合材料、纳米分子筛复合材料、离子液体等。

（1）绿色化学工艺对催化剂提出的要求 以环境友好和经济性为绿色化学工艺的考察角度。

① 环境友好要求

a. 催化剂自身应该是无毒的。催化剂构成材料应该是环境友好的，杜绝催化剂在高温下分解，产生有毒气体。

b. 催化剂所涉及的反应原料和反应产物应该是无毒的。原料无毒容易实现，但反应副产物的产生不可避免，要求副产物无毒。

c. 催化反应的后序分离过程也无毒。如萃取操作、萃取剂加入。

② 经济性要求

a. 催化剂自身的制造成本低，应由非金属构成，催化剂制造工序简单。

b. 催化剂具有良好的操作特性。有好的稳定性和使用寿命。防止使用过程分解变性，增强其抗毒性。

c. 催化剂应有较好的活性及选择性。

（2）新型绿色催化剂　绿色化学工艺宗旨下，新型绿色催化剂的研发蓬勃发展，下面介绍几种主要的新型绿色催化剂。

① 新型酸碱催化剂　新型酸碱催化剂主要有超强酸固体催化剂、超强碱固体催化剂、杂多酸催化剂。上海石油化工研究院开发的合成丙二醇醚固体酸催化剂及其工艺，具有产品收率高，物耗、能耗低，腐蚀、污染小等优点。这种催化剂可以代替氢氟酸或硫酸等液体酸催化剂应用于异丁烷与丁烯烷基化生产工业异辛烷。

② 沸石分子筛催化剂　沸石分子筛是一种多孔固体颗粒，具有均一的孔结构，能在分子水平筛分物质，具有提供催化活性中心、吸附载体、定向反应等效果。如在石油和液化煤的提炼过程中，所利用的主要是催化氢化和氢气裂解反应。其工业上最常用的催化剂是以 γ-Al_2O_3 为载体，Co 或 Ni 为促进剂的 Mo 或 W 的硫化物。通过将硼加入 Ni-Mo/γ-Al_2O_3 催化剂中，使活性金属 Ni 和 Mo 在催化剂表面的分散性提高，其相对浓度增大，从而使二苯基硫醇加氢脱硫的活性增加。以超稳定 Y 型沸石为载体的 Ni-Mo 硫化物催化剂的活性明显高于普通催化剂。

③ 酶和仿酶催化剂　在生物化工中以活性酶为催化剂代替传统化工使用的化学催化剂，具有反应条件温和、能耗低、选择性强、事故隐患小、能利用可再生资源等优点。

④ 相转移催化剂　多相反应中存在相界面，极大阻碍了反应物的接触，使化学反应几乎不能进行。通常采用添加少量特殊表面活性剂的方法，使反应变得容易进行。作为相转移催化剂的表面活性剂，必须能与某一相中的反应物结合，并把反应物带进另一相中去进行化学反应，反应结束后又返回到原相中，继续与反应物结合，在两相间周而复始地运输反应物，而自身不发生变化。江苏科技大学膜科学与工程研究中心已经采用苄基三乙基氯化铵（TE-

BA）作为相转移催化剂（PTC）合成了 2,4-二硝基苯甲醚。实验结果表明，TEBA 能大大加快合成反应的进行。

3. 溶剂的绿色化

化工生产中，常用到各种各样的溶剂，甚至是危险化学溶剂。安全性是溶剂选择必须考虑的因素，包括毒性和易燃、易爆、易挥发性。工业上大量使用的溶剂是挥发性有机溶剂，既有使用风险，又会带来环境污染。更多地采用无毒无害的溶剂也是绿色化学工艺的途径之一。应提倡使用更安全的传统溶剂（比如水）或替代品，尽量用无毒或低毒物替代剧毒物，用不燃或可燃物替代易燃物，例如用甲苯替代苯，用煤油替代汽油等。

超临界流体是目前应用最广泛的绿色溶剂，是一种温度和压力处于其临界值以上的一种特殊液体，处于气液不分的状态。它们具有液体的高密度、强溶解性，具有气体的低黏度、高扩散性。超临界 CO_2 作溶剂具有以下优点：

① CO_2 在常温下是气体，无色、无味，不燃烧，化学性质稳定；

② 容易实现超临界状态（31.06℃，7.39MPa）；

③ 来源丰富，价格低廉；

④ 超临界 CO_2 可很好地溶解一般有机化合物。

超临界 CO_2 代替有毒、有害溶剂正在被推广应用：

① 代替机械、电子、医药和干洗等行业中普遍采用的挥发性有机清洗剂；

② 代替氟氯烃作泡沫塑料的发泡剂；

③ 超临界 CO_2 为溶剂，生产氟化物单体和聚合物；

④ 萃取分离。

利用我国合成氨厂、炼油厂中制氢装置大量排放的 CO_2，开发（或引进）超临界 CO_2 技术在房屋装修、泡沫塑料生产、服装干洗中的应用，形成新兴产业。

此外，水是最理想的环境无害溶剂，因此，近年来开发超临界水代替传统溶剂的研究十分活跃。另外，开发无溶剂反应如熔融态反应，也是绿色化学在溶剂研究方面的一个重要内容。

4. 化学反应绿色化

（1）提高反应的选择性　石油化工中常有烃类选择性氧化这类强放热反

应，目的产物大多是不稳定的中间体，容易被进一步氧化为 CO_2 和 H_2O，其选择性是各类催化反应中最低的。还有些产品具有异构体形式，为使原料更多地转化成最终产品，需要使用选择性高的试剂。提高反应的选择性，其意义在于减少分离和纯化产品的难度，并且节约资源，降低生产成本，减少环境危害和废弃物负担。提高反应的选择性主要有两种方法：一是根据不同的烃类氧化反应，开发选择性好、载氧能力强的新型催化剂；二是根据催化剂的反应特点，开发相应的反应器及其工艺。例如，苯乙烯常用的生产方法是乙苯脱氢，Dow 公司开发了以丁二烯为原料的苯乙烯工艺代替乙苯工艺，该工艺的中间产物乙烯基环己烯的转化率为 90%，所用催化剂将中间产物氧化成苯乙烯单体的选择性超过 92%。Mobil 公司开发的甲苯歧化工艺，采用新的硅改性催化剂，对于对二甲苯的选择性高达 98%。

（2）开发原子经济性反应　化学反应绿色化的目标其实就是要实现原子经济性反应。原子经济性的目标是在设计化学合成路线时，使原料分子中的原子更多或全部地变成最终希望的产品中的原子。目前，在基本有机原料的生产中，有的已采用原子经济性反应，如丙烯腈甲酰化制丁醛、乙烯或丙烯的聚合、丁二烯和氢氰酸合成己二腈等。开发新的原子经济性反应已成为绿色化学研究的热点之一。

理想的原子经济性反应是反应物中所有的原子全部转化为产物中的原子，体现 100% 的原子经济性。实际上，原料的利用潜力及其对环境的影响与化学反应的类型有关，如重排反应与加成反应就没有必然的副反应和废弃物产生，所有反应物均转换成最终产物，具有很强的原子经济性（重排反应能达到100% 的原子经济性）。原子经济性反应是绿色化学工艺首选的反应类型，且反应的实现还与新型催化剂的应用密切相关。Enichem 公司开发的用钛硅分子筛催化剂进行环己酮肟化的新工艺，使环己酮转化率达 99.9%。某些有机产品的生产，如甲醇碳化制乙酸、丙烯腈甲酰化制丁醛、乙烯氧化生产环氧乙烷、己二腈的合成等，也都属于原子经济性反应。这说明人类已经能在原子水平上进行化学品的合成，使化工生产更加高效、节能和绿色化。

5. 产品的绿色化

① 生产超清洁生物柴油。

② 废塑料、纤维等材料的回收。如从聚酯塑料回收原料对苯二甲酸和乙二醇；从废泡沫塑料回收原料苯乙烯。

二、绿色化学工艺的应用

目前，绿色化学工艺应用到大规模化工生产的还不多。因此，进一步推广应用生物技术等清洁生产方法，推动化学工业的绿色化进程势在必行。

1. 生物技术的应用

生物技术包括基因、细胞、酶、微生物等技术。生物技术在化工领域的应用主要是生物化工和化学仿生学。生物酶催化剂效率高、选择性好，在生物合成中有着广泛的应用前景，化学仿生学的研究前沿主要是膜化学。采用生物技术将可再生资源合成化学品，是绿色化学工艺发展的方向之一。最早的有机化合物的原料大多来源于生物资源即植物与动物，后来才利用煤炭和石油等矿物资源作原料。煤、石油和天然气是不可再生资源，所以回归到以酶为催化剂、以生物质为原料生产有机化合物，既可缓解矿物资源枯竭的压力，又减少化学物质对环境的危害。生物技术中的化学反应，大都以自然界中的酶或工业酶为催化剂。利用酶取代化学催化剂，具有反应条件温和、无化学污染、产品性质优良等优点。例如，丙烯腈水合制备丙烯酰胺，改用酶催化剂后，丙烯腈反应完全，无副产物，能耗降低 40%；又如用葡萄糖作原料，经酶催化合成邻苯二酚，也是应用生物催化合成的典型例子。

2. 清洁生产技术的应用

清洁生产技术也称绿色化技术，是无毒、无害、无废技术。如高效清洁的煤气化技术；先进的脱硫、脱碳、脱硝技术；生物质制取沼气技术；城市垃圾无害化处理技术；利用太阳能、风能、水能及潮汐、地热等自然能源发电，均是典型的清洁生产技术。清洁生产技术包括：

① 生物工程技术　细胞、酶、基因工程和微生物工程等；

② 等离子技术　等离子体由最清洁的高能离子组成，反应速率快，转化率高，可实现原子经济性反应；

③ 辐射加工技术　电子束、离子束、中子束、射线等，最大的特点是在常温常压下就能引发一些在高温高压下才能进行的化学反应；

④ 绿色催化技术 超强酸固体催化剂、相转移催化剂、仿酶催化剂、分子筛催化剂等；

⑤ 超临界流体技术 超临界 CO_2、超临界 H_2O，均无毒、阻燃。

应用清洁生产技术，所获得的产品是清洁产品，即从产品设计到生产全过程对环境和人类无害。采用清洁工艺，首先是设计与环境友好的化学反应路线，构建物质和能量的闭路循环系统。然后，在生产过程中，一是采用无毒（或低毒）、无害、无污染原料；二是采用先进、高效、低耗的生产工艺流程和设备；三是杜绝废弃物产生（或能现场回收再利用），产品及其包装亦对环境和人类无害。如杜邦公司开发的以丁二烯为原料生产己内酰胺的新工艺即是一个清洁工艺，其生产成本低，转化率高，且无副产品、无污染。最后，在有机化学品的生产上，将过去常用的煤化工、石油化工方法改为生物方法生产。例如，利用天然纤维生物质水解发酵生产乙醇，既节约矿物资源，又减少环境污染，是典型的清洁工艺。

3. 计算机辅助技术的应用

计算机在绿色化学工艺中的主要应用有以下几种：

① 在分子尺度上，应用计算机辅助有机合成；

② 预测体系物理性质及反应动力学参数；

③ 在设备尺度上，应用计算机辅助反应、分离设备的开发、设计和优化；

④ 优化配置工艺的局部环节；

⑤ 在全系统尺度上，计算机优化各模块间的功能和模块间的组合方式。

三、绿色化学工艺的实例

我国传统的化学工艺对污染的治理是被动、滞后的"末端"治理，不但成本很高，而且治标不治本——不能根除污染，如烟气脱硫、除尘，虽净化了气体，但污染物却变为废水和废渣。绿色化学工艺则是清洁生产、"零排放"工艺，是从化学反应的"始端"着手，控制和防止污染的产生。

因此，研究和应用绿色化学工艺，已成为现代化学工业的发展趋势和前沿技术，是实现可持续发展的关键。所以要尽量选取一些节约资源、能耗低的化工工艺，以及一些无毒害作用的原材料，利用绿色环保的生产技术，下面列举两个具体例子。

1. 1,3-丙二醇的生产工艺

传统的 1,3-丙二醇的生产工艺主要有丙烯醛路线法和环氧乙烷法。Degussa 公司开发的以丙烯醛为原料，经水合反应生成 3-羟基丙醛后，再由 3-羟基丙醛经加氢反应的二步法，如图 5-4 所示。Shell 化学公司开发的由环氧乙烷与合成气进行氢甲酰化反应可一步制取 1,3-丙二醇。

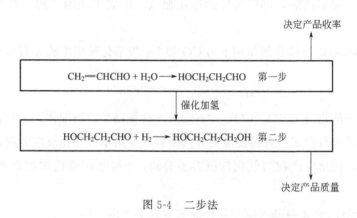

图 5-4　二步法

（1）丙烯醛路线法　首先丙烯醛在酸性催化剂（如酸性离子交换树脂、酸性分子筛或负载的无机酸）上水合得到 3-羟基丙醛。

丙烯醛水合制备 3-羟基丙醛最早采用无机酸作催化剂，但产率低，选择性低，且有副反应发生。目前，丙烯醛水合反应新的催化剂系统对比见表 5-5。

表 5-5　丙烯醛水合反应新的催化剂系统对比

催化剂	性质				
	反应温度	丙烯醛转化率	3-羟基丙醛选择性	缺点	优点
螯合型离子交换树脂	50～80℃	85%～90%	80%～85%	工业化受到限制	选择性及转化率较高
含活性中心的无机载体	50～80℃	50%～80%	70%～80%		成本低
酸碱缓冲系统	50～70℃			温度控制	

（2）环氧乙烷法　环氧乙烷法是以环氧乙烷和合成气为原料生产 1,3-丙二醇。该方法中原料比较容易得到，也易于储存、运输，所得产品的羟基含量

较丙烯醛路线法低，产品成本较低，但设备投资大，且技术难度大，特别是其催化剂的制备与选用较为复杂。

环氧乙烷法实现工业化生产的关键是催化剂的制备与选择，其生产工艺可分为一步法和二步法两种。

① 二步法工艺　是先进行环氧乙烷羰基化生成 3-羟基丙醛，然后在另一反应器内进行加氢。Shell 公司用改进的催化剂和助催化剂系统经环氧乙烷羰基化制备 3-羟基丙醛，再用传统的催化加氢法生成 1,3-丙二醇。其反应步骤如下：

a. 环氧乙烷在催化剂作用下与 CO 和 H_2 羰基化反应生成 3-羟基丙醛。

$$\triangle + CO + 2H_2 \longrightarrow HOCH_2CH_2CHO$$

羰基化催化剂为 $CO_2(CO)_8$，不需加入价格高昂的膦配体，采用在反应器内由金属钴盐与合成气直接反应的方法制备，使用季铵盐作反应的促进剂、醚类作溶剂，使反应产物与催化剂更容易分离，3-羟基丙醛的浓度提高到 35％以上。

b. 分离出的 3-羟基丙醛经催化加氢生成 1,3-丙二醇。

$$HOCH_2CH_2CHO + H_2 \longrightarrow HOCH_2CH_2CH_2OH$$

环氧乙烷的转化率达 100％，3-羟基丙醛的选择性大于 90％。

采用水萃取 3-羟基丙醛技术，使钴催化剂的循环使用率达 99.6％，有效地减少了催化剂的消耗。

缺点：3-羟基丙醛发生自缩合反应降低产品收率。

改进方向：提高加氢的选择性和活性。

② 一步法工艺　是将环氧乙烷羰基化和 3-羟基丙醛加氢结合在一起同步完成，以钌/膦络合物为催化剂、水和多种酸为助催化剂，在一定的反应温度和压力下，1,3-丙二醇和 3-羟基丙醛收率可达 65％～78％。

优点：提高反应收率，简化工艺流程，降低成本。

缺点：产品精制困难，产品质量低。

(3) 微生物发酵法　通常可将微生物发酵法分为两类：一是用肠道细菌将甘油歧化为 1,3-丙二醇；二是以葡萄糖作底物，用基因工程菌生产 1,3-丙二醇。

① 以甘油为原料的微生物发酵法　如图 5-5 所示。

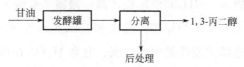

图 5-5　以甘油为原料的微生物发酵法

② 以葡萄糖为原料的微生物发酵工艺　如图 5-6 所示。

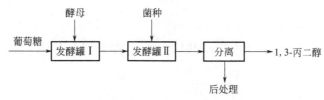

图 5-6　以葡萄糖为原料的微生物发酵工艺

微生物发酵法以生物质为原料，资源储量丰富，可以再生，利用时不会造成环境污染。与化学法相比，具有反应条件温和、操作简单、副产物少、绿色环保等特点。

例如 DuPont 公司通过与 Genencor 公司合作，利用基因工程改造重组技术，在大肠杆菌中插入取自酿酒酵母的基因，从而将葡萄糖转化为甘油，再插入取自柠檬酸杆菌和克雷伯菌的基因，将甘油转化为 1,3-丙二醇，开发了葡萄糖一步生产 1,3-丙二醇的发酵方法，使生产率提高了 500 倍。该工艺生产成本比化学合成法低 25%。

2. 环己酮肟的绿色生产工艺

环己酮肟即环己酮-羟胺，其传统生产工艺分为两步：第一步是羟胺硫酸盐制备，先将氨经空气催化氧化生成的 NO、NO_2 用碳酸铵溶液吸收，生成的亚硝酸铵用二氧化硫还原得到羟胺二磺酸盐，再水解得到羟胺硫酸盐溶液；第二步是环己酮的肟化，环己酮与羟胺硫酸盐反应，同时加入氨水中和游离出来的硫酸，得到环己酮肟。

该工艺的主要优点是投资小，操作简单，催化剂价廉易得，安全性好。其主要缺点是原料液 $NH_3 \cdot H_2O$ 和 H_2SO_4 消耗量大，在羟胺硫酸盐的制备、环己酮肟化反应和贝克曼重排反应过程中均副产大量经济价值较低的

$(NH_4)_2SO_4$；能耗（水、电、蒸汽）高，环境污染大，设备腐蚀严重，"三废"排放量大，特别是 $(NH_4)_2SO_4$ 副产高，限制了脱硫工艺的发展。

环己酮肟绿色生产工艺的原理。意大利 EniChem 公司首先研发环己酮液相氨氧化工艺，在连续式搅拌釜中环己酮、氨和 H_2O_2 在低压下通过 TS-1 分子筛催化反应直接制备环己酮肟，并采用膜分离技术实现催化剂与产物的分离，取消了传统的羟胺制备工艺，缩短了工艺流程，操作难度低，投资小，能耗少。在"三废"处理方面，采用较好的处理方法，经处理后的排放物对环境不构成污染。

$$\bigcirc\!\!-O + NH_3 + H_2O_2 \xrightarrow{\text{TS-1}} \bigcirc\!\!=NOH + 2H_2O$$

第四节　生物技术生产大宗化学品

现代生物技术的发展，不但越来越清楚地揭示了生物体内化学过程的本质，而且也越来越清楚地阐明了生物体内化学过程的调控规律及加速或限制化学反应速率的各种因素，从而为在化学工业中采用生物技术提供了更多的可能。未来生物技术的蓬勃发展，必将对化学工业的原料路线、产品结构、生产工艺、精细化工产品的开发及能源环保等方面产生巨大的影响。

一、基本概念

生物技术是指依靠生物催化剂的作用将物料进行加工以生产有用物质的一门多学科综合性的科学技术。

生物催化剂是指具有催化作用的生物质细胞或酶的总称，具有高效性、高选择性。生物质是指由光合作用产生的所有生物有机体的总称，包括植物、农作物、林产物、海产物等。

生物质原料具有以下特点：

① 生物质的使用对环境无 CO_2 净增长；

② 生物质可被分解成多种结构的材料；

③ 由生物质得到的原料含有一定量的氧，减少加氧过程；

④ 采用生物质作原料，减少对石油等不可再生资源的依赖；

⑤ 生物质的生长需要大量土地与空间，有季节性。

二、生物技术生产化工产品的特点

1. 原料为可再生资源

采用生物技术生产化学品一般都以可再生资源——光合作用产物及其加工品为原料。植物利用光合作用转变储存太阳能，是地球上取之不尽、用之不竭的能源。据估计，地球每年在陆地上可生产 1150 亿吨光合产物，为世界全年消费量的 10 倍，因此可再生资源是生产化学品用之不竭的原料。

2. 生产过程温和

采用生物技术生产化学品的过程一般都在常温常压下进行，它不需要在很多化工产业中采用的高温、高压、强酸、强碱等剧烈的条件。

3. 反应专一性

由生物酶催化的化学反应一般都有很好的专一性，不但有底物的专一性，而且还有立体化学专一性，因此应用生物催化技术生产化学品一般都很少有副反应，产物的分离、提取、纯化变得较易进行。

4. 设备同一性

用生物技术生产化学品的上游设备一般都很相似，只需稍加调整即可更换生产品种，而不像一般化工厂在更换生产品种时需要重新建厂，因此生物化工生产装置的投资一般均比相似的化工生产装置低得多。

5. 可进行高难度的化学反应

生物催化反应有很强的选择性和专一性，有很多化学反应在人工合成的过程中几乎很难进行。例如，在合成可的松时，要在底物的第 11 位碳原子上导入一个羟基，用人工合成的方法需要 30 多步化学反应，最终收率仅为数十万分之一，而引进生物技术后，只需一种微生物就能在第 11 位碳原子上定向地导入一个羟基，而且收率高达 80％以上。

6. “三废”污染少

生物技术生产化学品使用的原料多为农副产品，而且酶促反应的专一性和转化率都比较高，副反应较少，反应后的废料大多为生物有机物，可进一步转化使用而不污染环境。例如，我国目前产量最大的对水稻纹枯病菌有显著防治作用的微生物农药井冈霉素，其生产过程中除排出二氧化碳外几乎无废弃物。发酵生产结束后，液体部分用以制取井冈霉素和肥料，固体部分是一种很好的高蛋白饲料，因而对环境几乎不构成污染。

三、生物技术分类与应用

1. 基因工程

基因工程又称基因拼接技术和 DNA 重组技术，通过人工方法改组基因，将不同来源的基因按预先设计的蓝图，在体外构建杂种 DNA 分子，然后导入活细胞，以改变生物原有的遗传特性，获得新品种，培养新品种，生产新产品。

2. 细胞工程

细胞工程按照人们设计的蓝图，进行细胞融合、细胞拆合及大规模的细胞和组织培养，生产有用的生物产品或培养有价值的菌株，并可以产生新的物种或品系。

3. 酶工程

酶工程是一门生物化学的酶学原理与化工技术相结合的技术，工业上有目的地设置一定的反应器和反应条件，利用酶/生物细胞（细胞中的酶）的催化功能，在一定条件下催化化学反应，生产人类需要的产品或服务于其他目的的一门应用技术。

4. 微生物发酵工程

微生物发酵工程指采用现代工程技术手段，利用微生物的某些特定功能，为人类生产有用的产品，或直接把微生物应用于工业生产过程的一种新技术。主要内容包括菌种的选育、扩大培养、发酵生产和代谢产物的分离提纯等。

5. 生物化学工程

生物化学工程是化学工程的一个前沿分支，应用化学工程的原理、技术和方法，研究解决有生物体或生物活性物质参与的生产过程即生物反应过程中的基础理论及工程技术问题，设计制造生物反应器及其分离提纯设备等。

四、生物技术发展前景

1. 化石原料变更趋势

化石经济付出了巨大的环境代价（白色污染和温室效应等），以生物质为原料的化学工业是可持续发展的必然趋势。生物质具有资源量大、资源与能量可储存等优点，是实现工业原料多元化、转变对化石资源依赖的重要原料。化石原料变更趋势如图 5-7 所示。

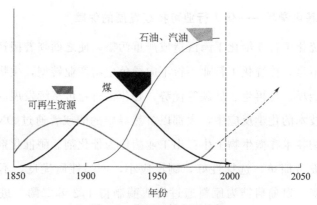

图 5-7　化石原料变更趋势

2. 生物基化学品正成为全球战略性新兴产业

生物基产品占石化产品的总额持续高速度增长，生物基塑料更是以 38％的速度增长。经济合作与发展组织（OECD）预测，至 2030 年，将有 35％的化学品和其他工业产品来自生物制造，那时美国的生物制造将替代 25％的有机化学品和 20％的石油燃料。欧盟生物制造将替代 10％～20％的化学品，其中替代 6％～12％的化工原料、30％～60％的精细化学品。

3. 生物基化学品是推动节能减排和发展低碳经济基本国策的必然选择

几种化学品用生物法生产较之传统方法的优点，如图 5-8 所示。

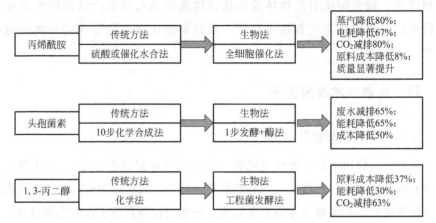

图 5-8　几种化学品用生物法生产较之传统方法的优点

4. 生物基化学品——化工行业可持续发展的保障

由于传统化工行业给化工园区造成严重污染，使之面临着搬迁技改，加之原料供给的不足，传统化工行业不得不向绿色生物产业转型，生物基化学品具有清洁、低能耗、可再生、低碳等优势，是化工行业可持续发展的保障。

在生物技术的化学反应中，大都以自然界中的酶或者通过 DNA 重组及基因工程等生物技术在微生物上生产出工业酶作为催化剂。酶催化剂的优点在于条件温和，设备简单，选择性好，副反应小，产品性质优良，不产生新的污染。研究表明，以葡萄糖为原料通过合成酶制得 1,2-苯二酚，进而制得尼龙原料己二酸，不必从传统的苯开始制造。此外，可由葡萄糖通过遗传工程酶制得苯醌、1,3-丙二醇、乙醇、丁二醇和乳酸等有机化工产品。

有人也比较了染料的三种合成方法：以苯胺为原料的碱熔法；苯胺与乙二胺催化法；以 L-色氨酸为原料的发酵法。上述第三种方法是更为接近自然界的"绿色"工艺，即在工艺中产生的工业"三废"是最低的，基本达到"零排放"的标准。

国外生物技术生产大宗化学品已取得重大突破。DuPont 和 Genecor International 等合作建成由玉米生产 1,3-丙二醇（PDO）的装置，成本比化学法低 15%。Cargill-DOW 公司正在建设一个 14 万吨/年的聚乳酸工厂，用于生产塑料、纤维。

五、生物技术生产大宗化学品的实例

1. 生物柴油

生物柴油为以植物油、动物油脂等可再生生物资源生产的用于压燃式发动机的清洁替代燃油，可由植物油或动物脂肪与甲醇在催化剂作用下进行酯交换反应制得，主要化学成分为长链脂肪酸甲酯。

（1）生物柴油的生产方法

① 直接混合法　柴油中掺和20％的植物油作为发动机燃料。

② 微乳液法　将动植物油与溶剂混合制成微乳液，降低动植物油黏度。

③ 高温裂解法　加热或/和催化作用下植物油降解，引起化学键断裂而产生小分子的过程。

④ 酯交换法　用一种醇（1～8个C）置换甘油三酯中的甘油。

$$
\begin{array}{l}
CH_2-OOCR^1 \\
| \\
CH-OOCR^2 \\
| \\
CH_2-OOCR^3
\end{array}
+3ROH \rightleftharpoons
\begin{array}{l}
R^1COOR \\
R^2-COOR+ \\
R^3-COOR
\end{array}
\begin{array}{l}
CH_2OH \\
| \\
CH-OH \\
| \\
CH_2OH
\end{array}
$$

酯交换反应使天然油脂（甘油三酯）转化为脂肪酸酯，摩尔质量降至原来的1/3，黏度降低至原来的1/8，所生产的生物柴油的黏度与柴油接近。生物柴油酯交换法生产工艺如图5-9所示。

（2）酯交换法需要的催化剂　酯交换法的催化方法主要有均相催化法（碱液催化法、酸液催化法）、非均相催化法（固体碱法、固体酸法）、酶催化法、超临界法。几种方法的比较见表5-6。

表5-6　生物柴油制备方法比较

比较项目	均相催化法	超临界法	酶催化法	固体碱法
反应时间	0.5～8h	120～240s	60～72h	2～5h
反应条件	常压、常温～65℃	＞8.09MPa，＞240℃	常压、常温	65℃
催化剂	酸或碱	无	脂肪酶	固体碱
游离脂肪酸	皂化产品	脂肪酸甲酯	脂肪酸甲酯	皂化产品
除去物	甲醇、催化剂和皂化物	甲醇	甲醇	固体催化剂、甲醇和皂化产品

续表

比较项目	均相催化法	超临界法	酶催化法	固体碱法
纯化与精制	生物柴油与甘油	甘油	甘油	甘油
过程	复杂	简单	简单	催化剂制备困难
设备	常规	高温、高压	常规	常规

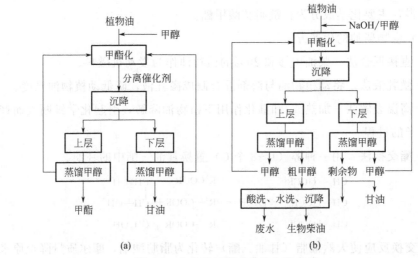

图 5-9　生物柴油酯交换法生产工艺

碱液催化法：NaOH、KOH、碳酸盐和烷基氧化物（例如甲醇钠、乙醇钠、异丙醇钠）等为催化剂。碱催化反应条件温和，常温常压，在较短反应时间内可得到较高的转化率，但原料油游离脂肪酸和水分的含量对反应有明显影响，副产品皂化物难以分离，甘油净化工艺复杂。

酸液催化法：硫酸、磷酸、盐酸和有机磺酸等为催化剂。适用于游离脂肪酸和水分含量高的油脂制备生物柴油，产率高，但反应温度和压力高，甲醇用量大，反应速率慢，反应设备需要用不锈钢材料。

传统酸碱催化制备生物柴油的共同缺点是工艺复杂，能耗高，醇用量大，反应液色泽深、杂质多，产品难提纯，有废液排放，环境污染大。

酶催化法：甘油三酯和部分甘油酯在酶作用下首先水解，分别生成部分甘油酯和游离脂肪酸，游离脂肪酸和甲醇反应生成甲酯，这与碱催化不同。在酶催化反应过程中，植物油中含有的游离脂肪酸可全部转化成甲酯。但是酶催化剂成本高，如果采用固定化脂肪酶，催化剂可多次循环使用，能降低成本。

超临界法：甲醇处于超临界状态，可在无催化剂条件下，短时间内获得极高转化率。通过分相，使生物柴油与甘油分开。与碱催化相比，此方法对原料要求低，反应时间短，工艺简单，成本有优势。

近年来，国内外一些研究者提出了基于催化加氢过程的生物柴油合成技术路线，动植物油脂通过加氢脱氧、异构化等反应得到类似柴油组分的直链烷烃，形成了第二代生物柴油制备技术。

2. 生物质塑料

聚乳酸被称为"生物质塑料"或聚丙交酯，是一种新型的生物基和可生物降解材料，在生物体内先转变为生物自身存在的乳酸，在自然界和生物体中最终转化为 CO_2 和 H_2O，完全降解，不污染环境，这对保护环境非常有利，是公认的环境友好型材料。聚乳酸生产使用可再生的富含淀粉的植物资源（如玉米等）作为原料，经过现代生物技术菌种发酵制成高纯度乳酸，再经特殊的化学聚合反应生成高分子材料，是功能纤维和热塑性材料。

聚乳酸是近年来开发研究最活跃和发展最快的生物可降解材料，也是目前唯一在成本和性能上可与石油基塑料相竞争的植物基塑料。聚乳酸的合成、应用和降解循环如图 5-10 所示。

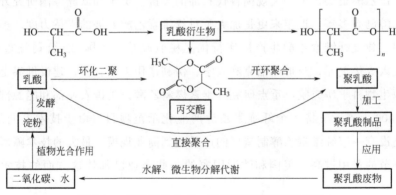

图 5-10　聚乳酸的合成、应用和降解循环示意图

聚乳酸（PLA）的生产是将生物降解自然界糖类物质转化的产物乳酸或其环状二聚体丙交酯（LA），通过乳酸直接缩聚或 LA 的开环聚合生产。前者

工艺简单，产品摩尔质量低且分布较广；后者通过阴离子催化、阳离子催化、络合催化开环聚合，其中阳离子催化、络合催化开环聚合聚乳酸摩尔质量大，转化率高。

3. 燃料乙醇

燃料乙醇是指加入汽油或柴油（体积分数为 $10\% \sim 20\%$）中的，作为混合燃料用于机动车的无水乙醇。随着汽油、柴油价格的不断攀升，燃料乙醇备受人们重视。目前，乙醇生产常用的方法有乙烯水合法、发酵法。乙烯水合法所用原料来自不可再生的原料石油等，而不可再生资源正面临枯竭；发酵法则以生物质材料谷物等为原料生产乙醇，常用原料有淀粉质类的甘薯、玉米，糖质类的废糖蜜、甜菜，此种方法成本高，利用率低，能耗很大。由此可知，要实现大规模生产燃料乙醇用于机动车燃料，必须改变原料来源和生产工艺等，以降低成本。如通过基因工程等手段获得生物材料，或采用更为廉价的生物质纤维素原料，也可通过分离筛选或诱变高代谢性能的发酵菌来生产。

目前，世界上多数国家通常采用的原料是糖蜜类和谷物淀粉类，其工艺比较成熟。目前工业化生产的燃料乙醇是以粮食和经济作物为原料的，从长远来看具有规模限制和不可持续性。利用秸秆、禾草和森林工业废弃物等非食用纤维素生产乙醇是决定未来大规模替代石油的关键。美国和欧洲各国研究开发纤维素乙醇已有多年，近年来更是加大了对纤维素乙醇发展的支持力度。美国政府对率先建设纤维素乙醇生产厂实行优惠税收政策。英国 BP 公司宣布在 10 年内投入 5 亿美元，与加州伯克利大学、伊利诺伊大学合作，建设世界上第一个能源生物科学研究院，重点研究纤维素燃料乙醇。美国农业部和能源部共同投资 8000 万美元支持三个纤维素乙醇产业化示范项目。由于技术上的限制，目前还没有一家纤维素乙醇制造厂的产量达到商业规模，最大的技术障碍是预处理环节的费用过高。美国和欧洲国家的一些企业已加快这方面的技术研究步伐。

（1）淀粉质原料发酵乙醇工艺流程（图 5-11）

$$(C_6H_{10}O_5)_n + nH_2O \xrightarrow{\text{酶}} nC_6H_{12}O_6$$

$$C_6H_{12}O_6 \xrightarrow{\text{酵母菌}} 2CH_3CH_2OH + 2CO_2 \uparrow$$

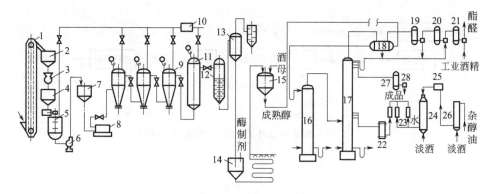

图 5-11　淀粉质原料发酵乙醇工艺流程示意图

1—斗式提升机；2—贮斗；3—锤式粉碎机；4—贮料斗；5—混合桶；6—输送料泵；

7—加热承转桶；8—往复泵；9—蒸煮锅；10—贮气桶；11—后熟器；12—蒸汽分离器；

13—真空冷却器；14—糖化锅；15—发酵罐；16—醪塔；17—精馏塔；18—预热器；

19—第一冷却器；20—第二冷却器；21—第三冷却器；22—冷却器；23—乳化器；

24—分层器；25—贮存罐；26—盐析罐；27—成品冷却器；28—检酒器

（2）糖质原料发酵乙醇工艺流程（图 5-12）

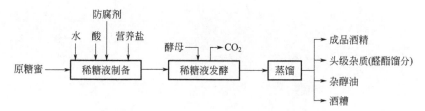

图 5-12　糖质原料发酵乙醇工艺流程示意图

（3）纤维素原料生产乙醇工艺流程（图 5-13，图 5-14）

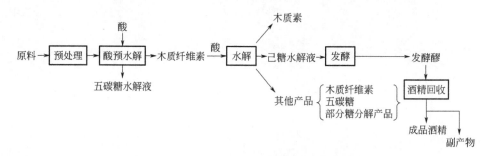

图 5-13　酸水解法生产乙醇工艺流程示意图

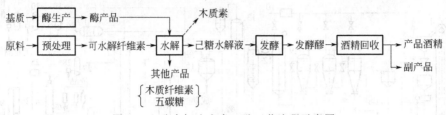

图 5-14　酶水解法生产乙醇工艺流程示意图

参考文献

[1] 朱志庆. 化工工艺学 [M]. 2版. 北京：化学工业出版社，2017.

[2] 刘晓林，刘伟. 化工工艺学 [M]. 北京：化学工业出版社，2015.

[3] 傅承碧，沈国良. 化工工艺学 [M]. 北京：中国石化出版社，2014.

[4] 黄艳芹，张继昌. 化工工艺学 [M]. 郑州：郑州大学出版社，2012.

[5] 彭银仙. 化学工艺学 [M]. 哈尔滨：哈尔滨工程大学出版社，2018.

[6] 张巧玲，栗秀萍. 化工工艺学 [M]. 北京：国防工业出版社，2015.

[7] 曾之平，王扶明. 化工工艺学 [M]. 北京：化学工业出版社，2001.

[8] 仲剑初. 无机化工工艺学 [M]. 大连：大连理工大学出版社，2016.

[9] 张巧玲，栗秀萍. 化工工艺学 [M]. 北京：国防工业出版社，2015.

[10] 谭世语，魏顺安. 化工工艺学 [M]. 4版. 重庆：重庆大学出版社，2015.

[11] 王金权. 化工工艺学 [M]. 南京：南京大学出版社，2020.

[12] 徐铁军，邓庆芳，洪学斌. 化工工艺学 [M]. 北京：中国原子能出版社，2017.

[13] 梁鼎成，解强，曹俊雅，等. 《化工工艺学》课程教学改革培养复合型人才 [J]. 广东化工，2021，48（20）：296，315.

[14] 刘华，陈红亮，瞿家儒. 新工科背景下《化工工艺学》课程改革探索 [J]. 云南化工，2021，48（10）：154-156.

[15] 周婷婷，李佳颖，耿莉莉. 《化工工艺学》课程教学探索 [J]. 山东化工，2021，50（18）：213-214.

[16] 张振洲，贾玲玉，张婕. 新媒体视角下《煤化工工艺学》课程教学改革实践研究 [J]. 云南化工，2021，48（09）：179-181.

[17] 傅玲子，刘文静，刘叶，等. 基于应用型人才培养的《精细化工工艺学》教学方法探索与实践 [J]. 山东化工，2021，50（17）：243-244，246.

[18] 孟晓静，李敏，冯建. 基于信息化创新的《煤化工工艺学》教学模式研究 [J]. 广州化工，2021，49（16）：165-167.

[19] 庞杰，房晓敏. 《精细化工工艺学》课程思政的探索与实践 [J]. 广州化工，2021，49（16）：193-195.

[20] 梁凤凯. 高等职业教育化工工艺专业的教学改革与实践 [D]. 天津：天津大学，2003.

[21]　季东，李贵贤，周怀荣，等.《煤化工工艺学》教学改革的探索与实践［J］. 广东化工，2020，47（24）：145，151.

[22]　陈立功，冯亚青. 精细化工工艺学［M］. 北京：科学出版社，2018.

[23]　宋永辉，汤洁莉. 煤化工工艺学［M］. 北京：化学工业出版社，2016.

[24]　杜春华，闫晓霖. 化工工艺学［M］. 北京：化学工业出版社，2016.